50

Objetos que Observar con un Telescopio

John A. Read

www.facebook.com/50ThingstoSeewithaSmallTelescope

Mapas de estrellas mostrados en este libro fueron hechos utilizando Stellarium, http://stellarium.org/ un programa de astronomía de fuente abierta.

Fotografía de portada por Sean McCauley. Por favor visite su página web (abajo) para más detalles sobre cómo contactar a Sean para todas sus necesidades de fotografía y video.

http://silhouetteproductions.com

Imágenes de los siguientes telescopios provistas gracias a Celestron:

> Primer Telescopio Celestron (Página 10), Celestron Powerseeker 114Az (Página 10) y Celestron NexStar 6se (Página 11).

Imágenes de los siguientes telescopios provistas con permiso de Orion Telescopes & Binoculars, www.telescope.com:

> Orion SkyQuest de 6 pulgadas (Página 10), Orion SkyQuest de 8 pulgadas (Página 11).

Imagen de Meade Lightbridge Dobsonian provista gracias a Meade Instruments

Archivos de fuente de vista de telescopio para objetos de cielo profundo fueron hechas de astro fotografías reales con permiso de los siguientes astro fotógrafos:

Mark Stanford Sr: Trifid Nebula
Stuart Forman: Cúmulo Doble, M1, M13, M27, M51 M81 & M82, M81 (Supernova añadida).
Mike Harms: Andrómeda, Cometa, M42

Imágenes de NASA siguen las instrucciones de uso de fotografías de la NASA, las cuales se encuentran aquí: http://www.nasa.gov/audience/formedia/features/MP_Photo_Guidelines.html

Este libro está dedicado para Jennifer, quien me escucha hablar acerca del espacio exterior casi todo el tiempo.

Reconocimientos

Me gustaría expresar mi gratitud a Marni Berendsen, desarrollador de NASA Night Sky Network, por su fantástica contribución en la edición y revisión de los datos en este libro.

Me gustaría también agradecer a Mount Diablo Astronomical Society (MDAS) por alimentar constantemente mi deseo por aprender más acerca del universo. Este libro no hubiera sido posible sin el apoyo de todos los maravillosos amigos en MDAS.

Para encontrar un club de astronomía más cercano a usted, por favor visite:

https://nightsky.jpl.nasa.gov

Contents

Nota del Autor:

Cuando observo a través de mi telescopio, estoy explorando una frontera nueva y fantástica.

Sé que usted quiere saltar a la mitad de este libro, elegir algo interesante, y luego tratar de observarlo en su telescopio. Por favor tome en cuenta que sólo cerca de un tercio de los objetos en este libro son visibles en una noche común. Antes de que saque su telescopio para la noche, por favor descargue algún programa para observar estrellas como Stellarium (disponible gratuitamente en http://www.stellarium.org). Al utilizar este programa, usted necesitará determinar la temporada en la cual su objeto a buscar sería visible. También, he elegido un nivel de dificultad para cada objeto (medido en Supernovas). En general, este libro está organizado en orden de grado de dificultad.

Además, ya que yo llevo a cabo mi astronomía en el Hemisferio Norte, este libro tiende a ser centrado en el mismo hemisferio; mis disculpas a Australia, Brasil y a todos nuestros demás amigos en el sur.

Finalmente, como el primero de mis recordatorios, ¡no observe al Sol a través de un telescopio sin utilizar un filtro solar comercial! ¡Diviértase!

Introducción

Este libro está dirigido al propietario de un telescopio pequeño. Para el propósito de este libro, un telescopio pequeño es cualquier telescopio comprado por unos pocos cientos de dólares o menos. Una de las razones para escribir este libro, es la de atender las dificultades encontradas por los propietarios primerizos de pequeños telescopios de tiendas departamentales. En realidad, el nombre original de este libro fue *"50 Cosas que Observar con Un Telescopio de Tienda Departamental"*.

Muchos telescopios son usados una sola vez, se guardan de nuevo en la caja, y se lanzan en el mismo fondo de un ropero. Algunas veces, las personas son persuadidas en comprar estos telescopios basándose en las fotos de planetas y galaxias en la caja, haciéndoles creer que su nuevo telescopio es tan poderoso como el Telescopio Espacial Hubble.

Quizá usted ha tratado de utilizar el telescopio y se ha dado cuenta de que la montura es frágil, los lentes son pobres, y la computadora (si es que cuenta con una computadora), la cual está programada con 14,000 objetos, no diferencia Júpiter de la Luna.

Mis primeros tres telescopios contaban con este criterio. Cuando era niño, me la pasaba horas observando objetos en el espacio al azahar, soñando de que algún día vería algo excitante. Me esperancé desesperadamente en ver algo que encendiera mi alma, lanzándome dentro de una carrera lucrativa como astronauta.

Llegué a ser adulto antes de que tuviera una de estas iluminadoras experiencias, y estaba muy adentrado en una profesión establecida en contabilidad corporativa, cuando mi alma fue verdaderamente encendida en la astronomía. La farmacia local estaba vendiendo telescopios pequeños a $13.99 dólares. La caja estaba bellamente diseñada con fotos de Saturno y Júpiter. Yo pensé, *"Pues bien, lo haré, ¡compraré este telescopio!"*

Llevé el telescopio a casa y lo instalé. "Este telescopio en realidad...¡**no** es tan bueno!", pensé, sintiéndome avergonzado por gastar dinero en tal pedazo de basura. El telescopio tenía un tripié de plástico para cámara en lugar de una montura apropiada para telescopio, las piezas oculares eran muy pequeñas, los lentes primarios eran del tamaño de una moneda grande, y el buscador era obviamente solo para decoración.

De igual manera, decidí darle una oportunidad. Llevé el telescopio hacia afuera, colocándolo al frente de mi apartamento, bajo el farol de la calle y al lado de la línea del metro. Apunté el pequeño telescopio hacia una estrella amarilla brillante que recién había salido sobre el horizonte.

"¡Diablos!", pensé mientras el tambaleante telescopio se estabilizaba en el aire estático en esa noche clara. Frente a mi, en perfecta alta definición, en perfecto enfoque, sin una pizca de distorsión, miré, por primera vez en mi vida, los anillos de Saturno.

Para muchos lectores, ese primer telescopio comprado (o recibido) es un gran dolor en el cuello. Literalmente, usted tiene que agachar su cuello solo para ver a través del visor. Pues bien, este libro es para usted.

¿Qué me inspiró a escribir este libro? Bueno, hago mucho tiempo de voluntariado con el grupo comunitario de la sociedad astronómica local, a través de Night Sky Network de la NASA. Vamos de escuela en escuela enseñando a estudiantes sobre astronomía y cómo utilizar un telescopio. El asunto es, que a pesar de que estamos en California, el cielo no siempre es 100% claro. Aquí le muestro una conversación común:

Niño: "¿Puedo ver la Luna?"

Yo: "No, esta noche no sale. Pero hay muchas otras cosas para observar."

Niño: "¿Como qué?

Mientras las nubes se empiezan a juntar.

Yo: "¡Como esto!" Apunta el telescopio a Saturno.

Niño: "No lo veo."

Yo: "Oh, una nube se ha colocado estratégicamente a si misma frente a Saturno."

El niño se aleja caminando.

Cuando esto sucede, es tiempo de hacerse creativo, de otra manera seguirá el caos. Los estudiantes empiezan a enfadarse, y empiezan a lanzar cosas. Los maestros les dan lámparas de mano, las cuales las apuntan a sus ojos.

Usted voltea su espalda por diez segundos y hay un niño montando su telescopio como si fuera caballo.

En algunas ocasiones, solo necesitamos pensar de manera no convencional. Yo me encontraba en la cima del Monte Diablo en un evento de astronomía, cuando las nubes se juntaron. Decidí apuntar el telescopio hacia la luz roja en la parte de arriba del edificio de observación en la cima. ¡Los estudiantes estaban fascinados!

La luz estaba a unos 400 mts de distancia, y aún se podía ver la condensación sobre la cubierta de vidrio rojo. Una polilla papaloteaba alrededor de ella.

Los pequeños se percataron de cómo el foco aparecía de cabeza en el telescopio, y tuve que explicar cómo esto sucedía debido a los lentes y espejos dentro del telescopio. Al ver el foco a 400 mts de distancia, fuimos capaces de entender el poder del telescopio, ver algo familiar, algo tan pequeño, algo a una distancia tan lejana.

Estuvimos media hora viendo ese foco. Fue visto al menos por cien personas. Esa noche, probablemente terminó con tantos futuros científicos como una noche en la que no había nubes en lo absoluto.

¿Todavía no tiene un telescopio?

Desde que publiqué la primera versión de este libro en el 2013, muchas personas me han enviado mensajes preguntándome qué telescopio deberían comprar de acuerdo a su presupuesto. La respuesta más común es "depende". No me agrada dar ese respuesta. La mayoría de la gente que empieza en la astronomía amateur tienen una meta: **Observar cosas interesantes.** No están tratando de tomar fotos, o hacer innovadores descubrimientos científicos. Con esto en mente, mi única regla para recomendar un primer telescopio es la de obtener un telescopio con la mayor apertura que usted pueda comprar (apertura es el diámetro de los lentes primarios o espejo).

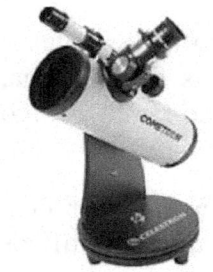
Celestron First Scope

Si su presupuesto es entre $25 y $50:

Este telescopio de sobremesa tiene una apertura de 76 mm, más que suficiente para ver todo en este libro. Y por alrededor de $50 dólares, usted no podrá encontrar algo mejor que su montura la cual es muy fácil de usar.

Entre $50 y $150:

En este rango de precio, empecé a buscar telescopios con más de 110 mm (~4.5 pulgadas) de apertura. Esto permitirá grandes vistas de los anillos de Saturno, y cientos de objetos en el cielo profundo.

Celestron Powerseeker 114AZ

Orion SkyQuest 6

Consejo profesional:
¡Considere obtener un telescopio usado para conseguir más apertura por su dinero!

Entre $150 y $300:

En este rango, estamos viendo algunos excelentes telescopios. Trate lo mejor que pueda para alcanzar las seis pulgadas de rango de apertura, ¡no se arrepentirá! Dobsonians fabrica telescopios extremadamente amigables.

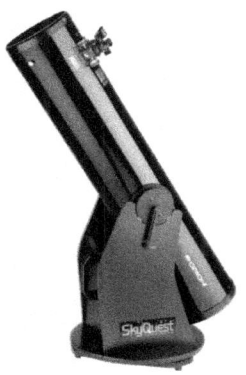

Entre $300 y $500:

¡Estos son los buenos! Aquí usted puede encontrar telescopios de entre ocho y diez pulgadas de apertura. Personalmente, prefiero a Dobsonian por su facilidad de uso, y vistas espectaculares de galaxias, nebulosas y cúmulos globulares.

Orion SkyQuest 8

Entre $500 y $1000:

En este rango de precio, usted podría querer considerar cambiar la apertura por un telescopio computarizado. Yo personalmente no lo haría, pero es una opción. Un Dobsonian de doce pulgadas es un telescopio en serio. En los cielos oscuros, usted puede ver cometas y galaxias tenues distantes. ¡Algunas personas incluso utilizan estos telescopios para buscar supernovas que todavía no han no descubiertas!

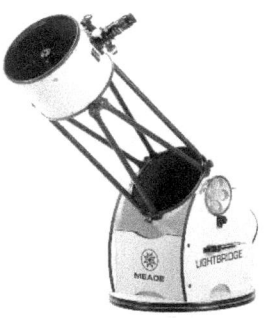

Meade Lightbridge Dobsonian 12

S menos de $1000 dólares, los telescopios completos, o computarizados, tienden a tener no más de seis pulgadas de apertura. Sin embargo, muchos telescopios completos tienen excelentes características, como paseos del cielo y rastreo de satélites.

Celestron Nexstar 6se

Dificultad

Le muestro una guía de mucha ayuda sobre el nivel de dificultad requerido para ver cada objeto.

1 Supernova: En serio, ¿cómo es que no lo ha visto antes?

2 Supernovas: Probablemente, uno de los objetos más brillantes en el cielo.

3 Supernovas: Si puede ver esto, ¡usted definitivamente es un astrónomo amateur!

4 Supernovas: Astrónomos reales envidian su logro*

5 Supernovas: ¡Usted probablemente acaba de descubrir una supernova real y de repente es un favorito de los medios de comunicación!

*Algunas veces puede tomar horas y paciencia para finalmente encontrar el objeto que usted está buscando, y podría no siempre ser espectacular, pero ese no es el punto. ¡El punto es el de apreciar los objetos que usted no vé! Espero que este libro le ayudará a apreciar el verdadero esplendor de todo lo que se encuentra en el cielo.

Una nota acerca del color

¿Sabía usted que en iluminación tenue el ojo humano solo puede ver en blanco y negro?

Sólo cuando usted utiliza una cámara digital, las galaxias y nébulas obtienen color. ¡Muchos objetos plasmados en una imagen utilizando telescopios profesionales que ni siquiera están en frecuencias de onda en las que el ojo humano puede ver! En este caso, los astrónomos profesionales asignan un color en el que el ojo humano pueda ver en una frecuencia de onda de luz en particular. Esto comúnmente es llamado color falso, o color representativo.

Este libro se trata sobre lo que **usted** puede VER a través de su telescopio. No lo que una cámara pueda plasmar en una imagen. Los astrónomos quienes se enfocan en astronomía visual, comúnmente se refieren a ellas como "manchas hermosas", porque sin la cámara, así es como normalmente se miran la mayoría de los objetos en el cielo.

Por esta razón, este libro es diferente a la mayoría de otros libros de astronomía para principiante. He elegido mantener la versión impresa en Blanco y Negro, lo cual le ahorra, el astrónomo incipiente, casi $15 dólares ¡los cuales ahora puede invertir para su nuevo telescopio!

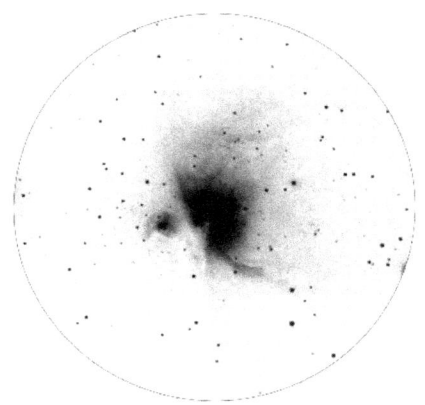

¡Una Hermosa Mancha!

Cosas que necesitará para empezar.

1. Ese telescopio que le dieron en Navidad (o Hanukkah, o su cumpleaños).

2. Un entendimiento básico de cómo enfocar y apuntar hacia el objeto brillante en el cielo. Vea el instructivo de su telescopio para obtener más detalles.

3. Una aplicación para observar estrellas, como "Stellarium" para Mac o PC, disponible en http://www.stellarium.org, que se puede encontrar en el app store. Usted necesitará una aplicación para observar estrellas para determinar la localización de los objetos mencionados en este libro. Para la mayor parte, los planetas no siguen cualquier calendario, entonces usted necesitará un programa para encontrar la ubicación actual del planeta en el cielo.

4. Usted necesitará un filtro solar comercial si es que usted planea usar su telescopio para ver el Sol. Cuando mire hacia el Sol SIEMPRE utilice un filtro solar comercial sobre el **lente objetivo o de espejo primario**. Estos filtros pueden ser comprados en una tienda de telescopios en línea, como:

http://www.telescopes.com

Nunca utilice un filtro solar que cubra solo su visor ocular. La luz del Sol quemará a través del filtro y USTED QUEDARÁ CIEGO INMEDIATAMENTE.

1. La Estrella del Norte (Polaris)

Muchas personas asumen incorrectamente sobre cuál estrella es en realidad la Estrella del Norte. Algunas personas creen que es la estrella más brillante en el cielo. Incluso he tenido amigos que discuten conmigo acerca de cuál estrella es la Estrella del Norte, algunas personas incluso apuntan hacia Sirius (la cual generalmente está hacia el sur) solo porque era la estrella más brillante que podían ver en ese momento. En realidad, ¡la Estrella del Norte es la estrella más brillante número 48 en el cielo nocturno!

Para encontrar la Estrella del Norte, siga las dos estrellas que forman el frente de la taza de la Osa Mayor hacia la siguiente estrella más brillante (como se muestra en el diagrama incluido en esta sección). La Estrella del Norte en realidad es comúnmente llamada una estrella binaria visible, ¡con su telescopio usted podría ver la segunda estrella, llamada Polaris B!

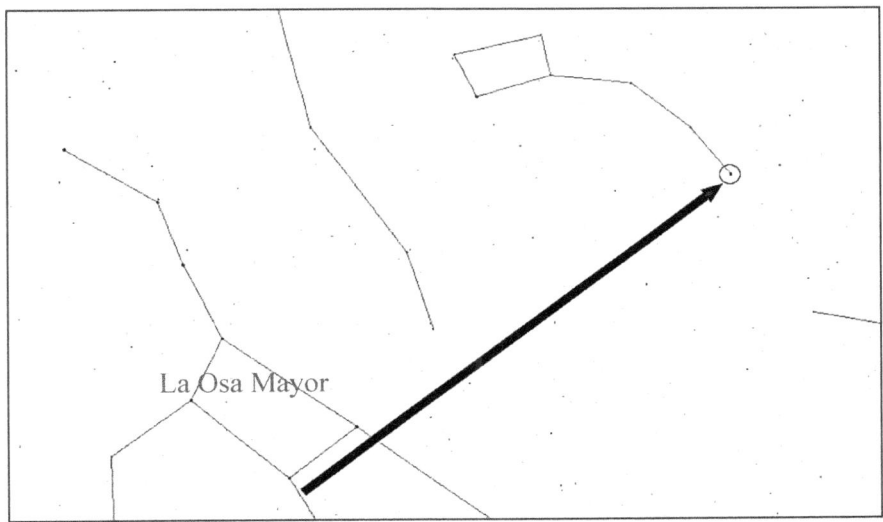

La Osa Mayor

La Estrella del Norte es muy importante para las personas que cuentan con un telescopio montado ecuatorialmente en el Hemisferio Norte. Para poder que este tipo de montura funcione correctamente, un eje debe estar apuntado directamente a esta estrella.

Mis disculpas a Australianos, Brasileños y a las demás personas en el Hemisferio Sur por mencionar objetos que no pueden verse desde su país.

Dificultad: 1 Supernova

2. Venus

¡Oh, Venus! Este hermoso planeta fue bautizado por la Diosa Romana del Amor y la Belleza. Ya que Venus está más cerca al Sol que la Tierra, Venus nunca sube muy alto en el cielo nocturno, y ya que siempre se encuentra cerca del Sol, usted solo puede observar a Venus justo después de la puesta de Sol o justo antes de la salida del Sol.

Venus es brillante, muy brillante. De hecho, Venus es una de las fuentes principales de avistamiento de ovnis entre los pilotos. Esto es debido a una ilusión óptica. Los objetos vistos a una gran distancia no parecen moverse, entonces si el observador (la persona que está viendo el objeto) se está moviendo, esto crea la ilusión de que el observador está siendo seguido por el objeto; en este caso, Venus.

Como se mencionó anteriormente, Venus puede ser visto justo antes antes de la Salida del Sol, o justo después de la salida del mismo. Para encontrar a Venus, revise la aplicación Star Walk o el programa Stellarium para encontrar la ubicación específica.

Mientras observa a través del telescopio, tome nota de cómo Venus se parece un poco a la Luna. Esto es porque Venus tiene fases justo como la ella, y ya que Venus está más cerca al Sol que la Tierra, algunas veces nosotros vemos el lado de noche de Venus.

Cuando alguien más mira a través de su telescopio y dice, "¡Oye, veo la Luna!", solo pídales que se separen del telescopio y hágales ver hacia dónde el telescopio en realidad está apuntando.

Dificultad: 2 supernovas

Venus fotografiada por la Nave Espacial Mariner 10

Venus a través de un telescopio

16

3. ¡Arco para Arcturus, luego Pico para Spica!

Al inicio de Primavera, "Arco para Arcturus, luego Pico para Spica" es una gran frase para recordar mientras usted empieza a navegar alrededor del cielo del este. Al crear un arco con el mango de la Osa Mayor y siguiéndolo a través del cielo para llegar a la estrella brillante de Arcturus, entonces usted puede enderezar su arco para que salte sobre la estrella azulada, Spica.

Arcturus es una estrella Gigante Anaranjada y es la cuarta estrella más brillante en el cielo, mientras Spica es un Gigante Azul y es la quinceava estrella más brillante. Spica reside en la constelación de Virgo, mientras que Arcturus está localizado en Boötes (el cual es mucho más divertido pronunciar).

Arcturus es una estrella muy interesante porque sobre el curso de nuestro tiempo de vida, visiblemente se moverá relativamente a las demás estrellas (cerca de una séptima parte del diámetro de la Luna en 100 años). De hecho, se está moviendo a más de 145 kms por segundo, tan rápido que en más o menos medio millón de años, ¡saldrá completamente de la vista!

Spica está rotando y es variable (incrementa y disminuye en brillo). En su ecuador, rota a alrededor de 193 kmh, y cambia el brillo ligeramente con cada rotación.

Dificultad: 1 Supernova

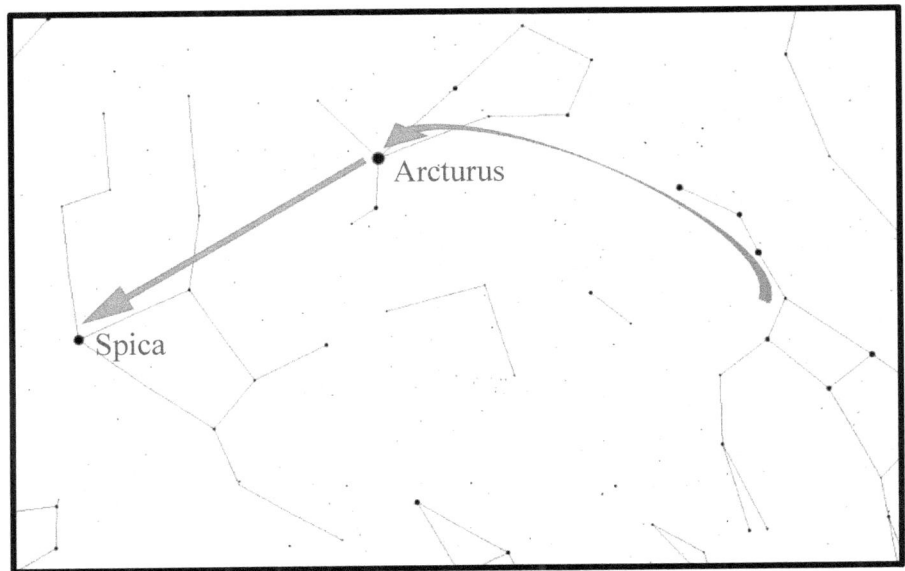

4. Betelgeuse

Si, Betelgeuse, en algún lugar en la cercanía de la cual, ¡la *"Guía del Viajero Intergaláctico"* se dice que fue escrita! Los niños adoran esta estrella, principalmente porque suena como Beetlejuice (una película inspirada por el nombre de la estrella).

Esta gran estrella roja es una sorpresa para aquellos que piensan que todas las estrellas se miran blancas (yo incluido hasta hace unos pocos años cuando realmente me sumergí en la astronomía). También varía en brillo a través del tiempo. Normalmente es cerca de la octava estrella más brillante en el cielo, pero puede ser tan brillante como la sexta, ¡o tan tenue como la veinteava!

Betelgeuse es fácil de encontrar, ya que es la estrella más brillante cerca de la parte superior de la constelación de Orión. Cuando observa a través del telescopio es fácil de ver qué tan rojo es. Para contrastar su color rojo, mueva el telescopio hacia abajo de Rigel, una detallada estrella azul en la siguiente sección.

Los objetos en la constelación de Orión son mejor vistos en los meses de Otoño e Invierno. La mayoría de la gente encuentra a Orión al ubicar las tres estrellas brillantes en fila, las cuales constituyen el cinturón de Orión.

Dificultad: 1 Supernova

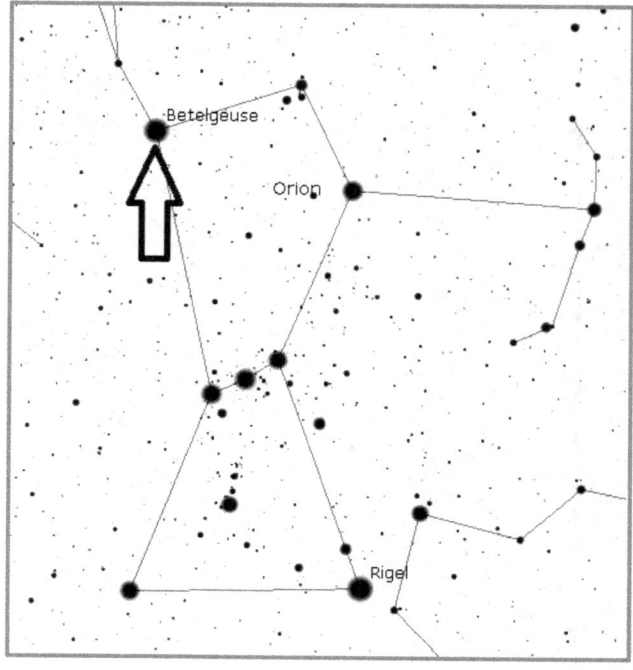

5. Rigel

No una, no dos, pero tres estrellas construyen este punto de luz encontrado al pie de Orión. Si usted se encuentra con cielos muy oscuros, es posible separar la estrella A (el Súper Gigante Azul) y la estrella B (una estrella acompañante mucho más tenue). Sin embargo, la estrella C orbita muy de cerca a la estrella B, y es imposible separar B y C utilizando un telescopio pequeño.

Bien, si tiene tres estrellas, debe haber muchos planetas, ¿verdad? Los escritores de *Viaje a las Estrellas* definitivamente parece que así lo piensan. ¡Los planetas nombrados Rigel X o Rigel II o Rigel VII hacen de Rigel casi el lugar más popular del Universo de Viaje a las Estrellas!

Hasta la fecha de Mayo del 2013, no ha habido muchos planetas descubiertos alrededor de Rigel. Sin embargo, miles de planetas nuevos han sido encontrados cada año. Usted puede encontrar una base de datos actualizados de estos descubrimientos aquí:

http://exoplanets.org/

Mientras observa, contraste el color y brillo de Rigel contra Betelgeuse.

Dificultad: 1 Supernova.

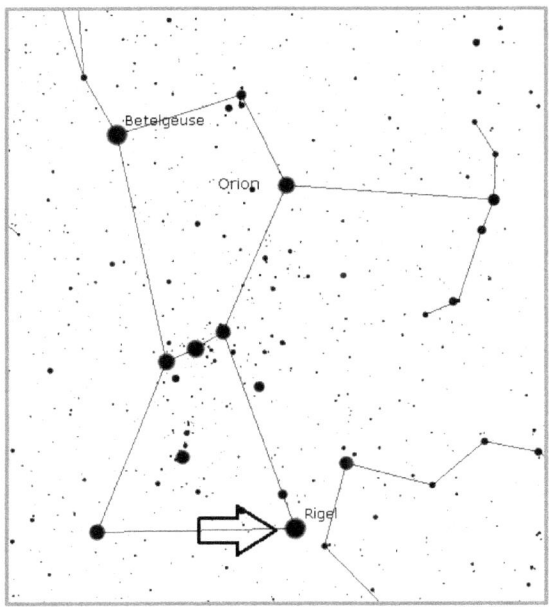

6. La Nebulosa de Orión.

La Nebulosa de Orión comúnmente es llamada la "Fábrica de Estrellas". Cuando usted observa esta nebulosa, usted puede ver una gran expansión de gas rodeando una serie de estrellas. Es llamada la "Fábrica de Estrellas" porque estas estrellas están siendo formadas a partir de ese gas.

La Nebulosa de Orión es parte del Complejo de Nubes Molecular de Orión, el cual también incluye la Nebulosa de Cabeza de Caballo. Aunque Cabeza de Caballo es demasiado tenue para verla con un telescopio pequeño, es nada más ni nada menos que la ubicación del "Planeta del Ood", de la serie clásica *"Doctor Who"* de la BBC.

La Nebulosa de Orión es uno de los objetos (objetos que no estén en nuestro Sistema Solar) del cielo profundo más fáciles de encontrar a finales de Otoño, Invierno, y a principios de Primavera. Para encontrar esta nebulosa, primero encuentre el cinturón de Orión, luego imagine su espada como la línea de las estrellas corriendo hacia abajo desde el cinturón. La mitad de esta espada es la Nebulosa de Orión.

Dificultad: 2 Supernovas. Encontrar la Nebulosa de Orión es como conducir una bicicleta. Nunca se le olvidará cómo hacerlo.

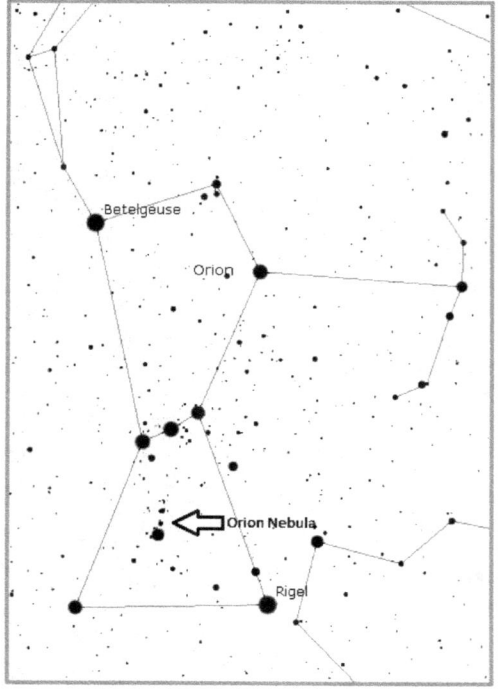

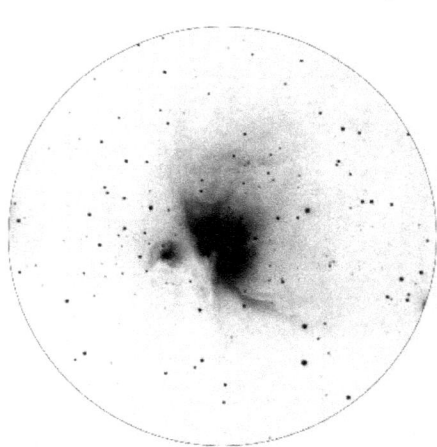

La Nebulosa de Orión a traves de un telescopio

8. Sirius

Sirius es la primera parada del paseo de Harry Potter (muchos nombres de estrellas y constelaciones están mencionados en los libros de Harry Potter)! Esta estrella es doblemente brillante en comparación con cualquier otra estrella en el cielo, ¡y arruinará con eficacia su visión nocturna por los siguientes tres minutos! ¡Sirius es tan increíblemente brillante, que de hecho a grandes altitudes puede ser vista durante el día!

Esta estrella es apodada la "Estrella Perro" debido a su prominencia en la constelación Can Mayor (Gran Perro). En realidad está inspirada en la frase "Días de perro de Verano".

Sirius está localizado a a la izquierda de la constelación de Orión, y puede ser visto prominentemente en el cielo del sur durante el Invierno y a principios de Primavera.

Dificultad: 1 Supernova.

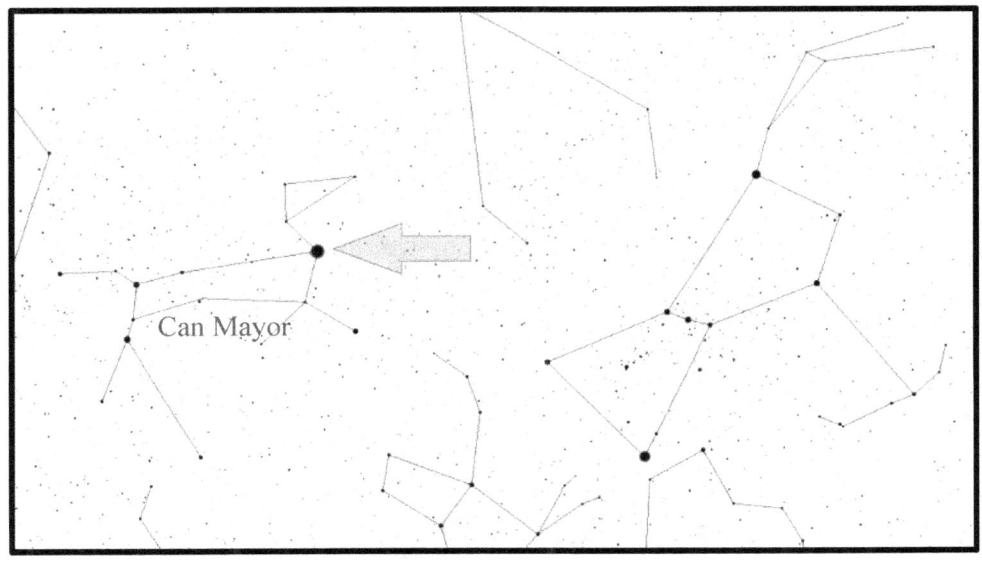

Can Mayor

8. La Luna

¡No la puedes perder! Con incluso los telescopios más pequeños, usted debería ser capaz de ver claramente los cráteres en la superficie.

En una ocasión usé un telescopio comprado en la farmacia por $13.99 dólares para tratar de filmar la misión "Lcross" de la NASA. En esta misión, la NASA estrelló una nave espacial en la Luna para tratar de recrear una columna de polvo lunar para que después pudieran analizar los rastros de agua. El choque se suponía que debería crear un destello de luz visible desde la Tierra, pero yo no miré nada. Se determinó que la razón por la que el choque no había sido visible fue porque la nave espacial (la cual se estrelló en el cráter del sur) impactó en la superficie lunar, ¡la cual tenía la consistencia de polvo de nieve¡

La Luna es visible por cerca de la mitad del mes en el cielo nocturno. Si usted en realidad lo piensa, esto tiene sentido porque, como la mayoría de nosotros sabemos, la Luna orbita la Tierra cada 27 días. Seguido me sorprendo cuando, en noches sin Luna, algunas personas parecen pensar que podemos ver la Luna con el uso de un telescopio. Solo para clarificar, si usted no puede ver la Luna sin un telescopio, no podrá verla con uno.

Dificultad: 1 Supernova.

La Luna a través de un telescopio pequeño.

9: Géminis - Castor, Pólux, y Meteoros

La constelación de Géminis es mejor vista en el Invierno y la Primavera en el cielo del oeste después de la puesta se Sol, y es mejor visualizada imaginándose a unos gemelos tomados de las manos. Las estrellas Castor y Pólux hacen las cabezas de estos gemelos.

La estrella Castor, la cabeza de el gemelo más hacia la derecha, es una estrella doble cuando se mira a través del telescopio. Pero Castor en realidad es un sistema de seis estrellas, seis estrellas unidas unas a las otras debido a la gravedad. Sin embargo, estas seis estrellas solo pueden ser identificadas por un telescopio extremadamente fuerte, o a través de la ciencia de la espectroscopia (separando la luz en diferentes longitudes de ondas).

La estrella Pólux, la cabeza del gemelo más hacia la izquierda, solía ser una "estrella de secuencia principal", como nuestro Sol. Sin embargo, ardió debido a su de su hidrógeno y se ha expandido en un estrella "gigante", múltiples veces más grande que el radio de nuestro Sol. Pólux también es la estrella más visible con un planeta orbitándolo (aunque esto pudiera cambiar mientras nuevos planetas están siendo descubiertos todo el tiempo).

A mediados de Diciembre, Gemínidas, una lluvia de meteoros, es una de las lluvias de meteoros más proliferas del año.

Dificultad: 2 Supernovas

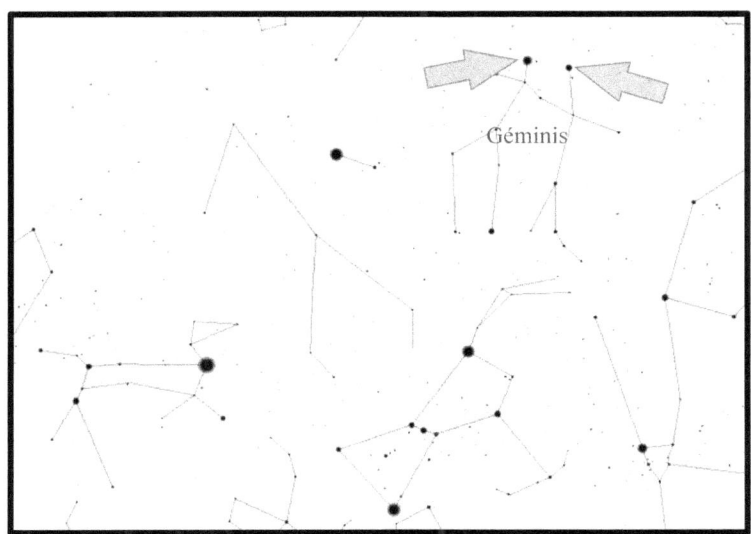

10. Marte

De seguro sólo podría verse como un simple disco rojo en su telescopio, pero oiga, ¡es Marte! Siga buscando, y siga enfocando y posiblemente usted será capaz de observar las capas de hielo polares y algunos colores variantes en el suelo Marciano.

Es muy interesante percatarse que hay hombres y mujeres aquí sobre la Tierra (En el Laboratorio de Propulsión a Chorro de la NASA en el condado de Los Ángeles) piloteando a control remoto vehículos exploradores del tamaño de una pequeña camioneta o carritos de golf sobre la superficie de Marte.

Ya que Marte es un planeta, se encontrará a lo largo de la eclíptica*. Como con todos los planetas, revise el programa de astronomía como Star Walk o Stellarium para obtener una ubicación precisa. Si usted ya sabe que Marte está visible, revise la eclíptica buscando una estrella de apariencia rojo profundo.

*¿Qué es la eclíptica? Ya que todos los planetas viajan alrededor del Sol sobre aproximadamente el mismo plano orbital, los mismos aparecerán en una parte específica del cielo nocturno; parecido a un avión que siempre toma la misma ruta. Este camino es llamado la eclíptica, y más o menos corre desde el horizonte del este hacia el horizonte del oeste. También es el camino que el Sol sigue durante el día.

Dificultad: 2 Supernovas.

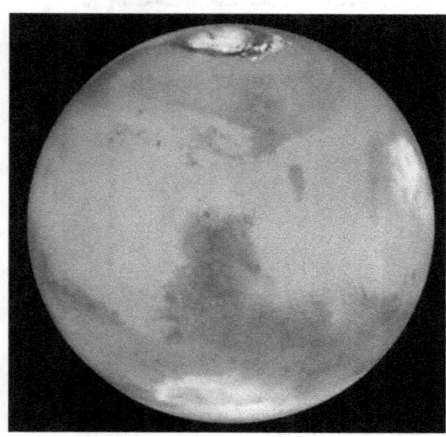

Imagen de Marte por Hubble

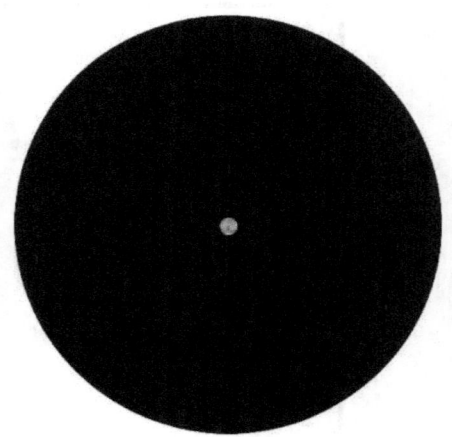

Marte a través de un telescopio

11. Júpiter

Si quiere impresionarse, eche un vistazo a Júpiter y sus cuatro lunas más grandes: ¡Europa, Io, Ganímedes y Calixto! Durante la mitad del año, Júpiter es una de las primeras cosas que se muestran en el cielo nocturno después de la oscuridad, esto lo hace un gran objetivo para enfocar su telescopio y alinear su buscador temprano por la tarde.

Júpiter es un planeta enorme, más de dos y media veces la masa de todos los planetas combinados en el Sistema Solar. Con un telescopio pequeño, en buen enfoque, no solo usted debería ser capaz de observar las cuatro lunas descubiertas por Galileo en el año 1610, pero también deberá ser capaz de observar los dos cinturones de nubes más pronunciados del mismo planeta.

Para encontrar a Júpiter, busque uno de los objetos más brillantes en el cielo sobre la eclíptica (el camino de los planetas a través del cielo del este hacia el oeste), o simplemente consulte Star Walk, Stellarium, u otro programa de astronomía. Utilice un ocular poderoso para obtener una visión óptima.

Como puede ver en las fotos de los niños en la parte inferior, ¡Júpiter también es un gran objeto para practicar la astro fotografía!

Dificultad: 2 Supernovas

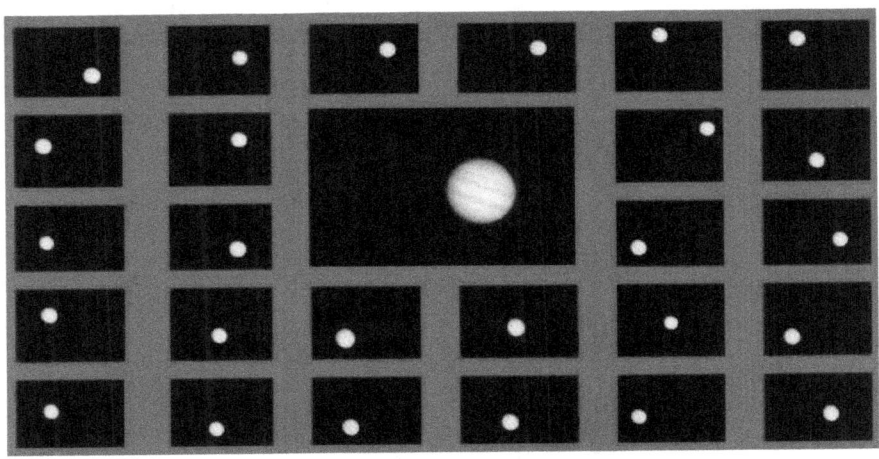

El Planeta Júpiter Fotografiado por Niños de 3 a 12 años de edad

12. Europa

Las lunas de Júpiter necesitan su propia sección porque son demasiado interesantes.

Europa es la más pequeña de las cuatro lunas descubiertas por Galileo, pero creo que es la más interesante. Eso es porque Europa tiene agua; muchísima agua. Las estimaciones más recientes indican que bajo una superficie de hielo, se encuentra un océano líquido de más de 95 km de profundidad. Por esta estimación, ¡Europa tiene dos veces más agua líquida que la que se encuentra en la Tierra!

Las lunas de Júpiter cambian de posición cada noche. Por la mayor parte, es difícil decir cuál luna es cuál usando un pequeño telescopio. La mejor manera de diferenciar cuál luna es Europa, es mediante el uso de un programa de astronomía. Desafortunadamente, Star Walk no muestra la ubicación de las lunas de Júpiter. Usted tendrá que utilizar otra aplicación como Star-Rover o Stellarium.

Dificultad: 3 Supernovas.

Júpiter y sus lunas - (la orientación de la luna cambia cada noche)

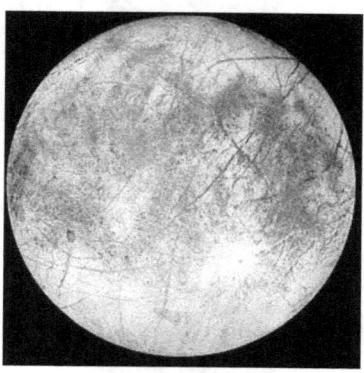

Imagen de Europa obtenida por la nave espacial Galileo

13. Io

¿Ha leído usted el libro *Ilium* de Dan Simmons? Pues bien, debería de hacerlo porque es el personaje principal (un robot minero) es originario de esta luna.

De las lunas de Júpiter descubiertas por Galileo, Io es la que órbita más de cerca alrededor a Júpiter. Io es también el cuerpo geológicamente más activo del Sistema Solar, ¡la cual alberga más de 400 volcanes activos!

Dificultad: 3 Supernovas

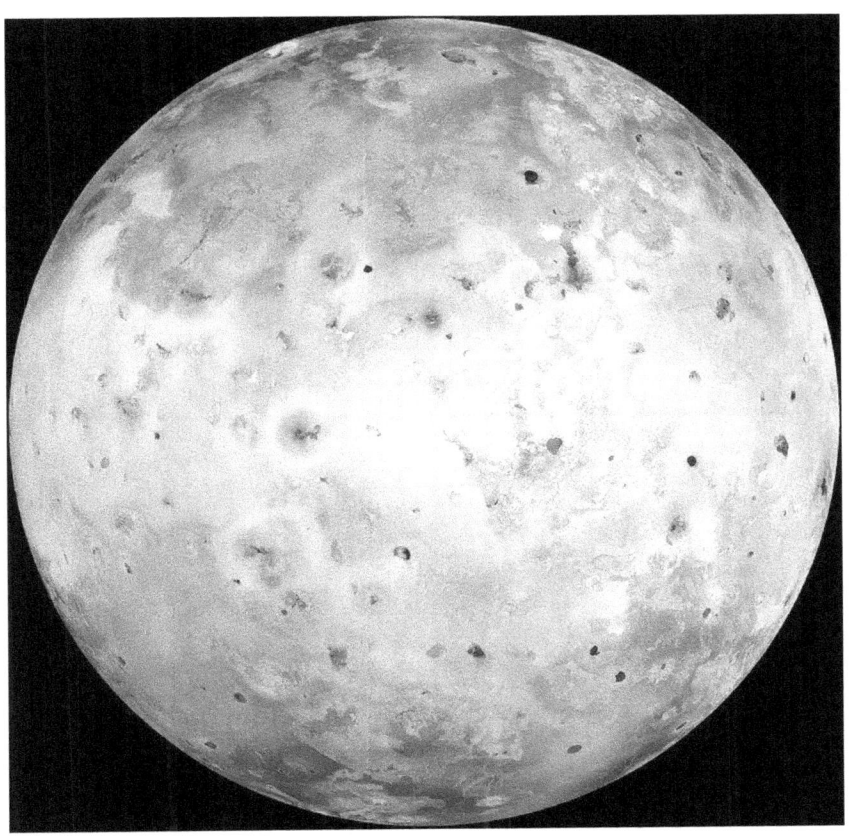

Imagen de Io obtenida por la nave espacial Galileo

14. Calixto

Haga sus maletas, ¡porque Calixto podría ser su nuevo hogar! Esta luna tiene los niveles más bajos de radiación de las lunas grandes de Júpiter, ¡y haría un lugar prometedor para los asentamientos humanos! Es decir, si puede soportar días que son de 400 horas de duración. Si alguna vez visita Calixto, ¡no intente permanecer despierto toda la noche!

Cuando observe Júpiter, Calixto es usualmente la luna que aparece más alejada del planeta. Orbita tan lejos que es fácil confundirla con una estrella en el fondo.

Dificultad: 3 Supernovas.

Calixto fotografiado por la Nave Espacial Galileo

15. Ganímedes

Hecha famosa por la serie de televisión *"Power Rangers"* de 1993, esta luna hospedó la ubicación de la flota de Zord de *Mega Vehículos*. ¿Cómo le gustaría tener esa pregunta en un programa de concursos, eh?

Todavía más interesante, Ganímedes es la luna más grande del Sistema Solar. ¡Es más de dos veces la masa de la Luna de la tierra!

Para encontrar a Ganímedes, mire bien de cerca para ver cual de las lunas de Júpiter es la más grande y más brillante. Pero, sólo para asegurarse, compruébelo en el software de astronomía para confirmarlo.

Dificultad: 3 Supernovas.

Imagen de Ganímedes obtenida por la nave espacial Galileo

16. Saturno

Una mirada a Saturno y usted podría intercambiar su coche por un telescopio del mismo valor. O quizá no. De cualquier manera, es todo un espectáculo.

De hecho, Saturno es tan impresionante, que el día más impresionante de la semana es nombrado por él. Así es, Sábado, o como usted debería de llamarlo de ahora en adelante, Saturno es un día impresionante.

Como con cualquier otro planeta, primero consulte Stellarium u otra aplicación para asegurarse de que está muy alto en el cielo nocturno. Será a lo largo de la eclíptica y aparecerá en color amarillo.

Dificultad: 2 Supernovas (3 supernovas si puede tomar una foto de los anillos con la cámara de su teléfono).

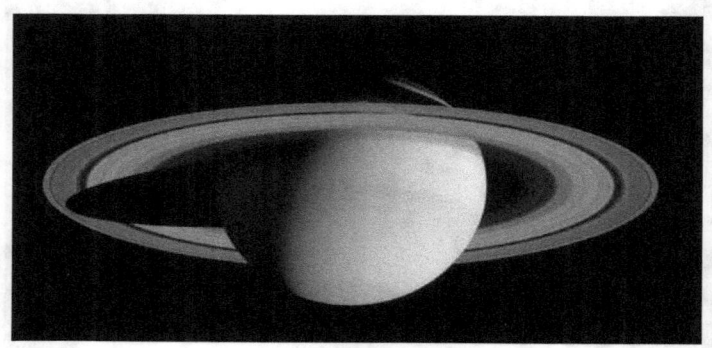

Imagen de Saturno obtenida por la nave espacial Cassini

Saturno a través de un telescopio

17. Titán

Titán es la luna más grande de Saturno. Qué mejor lugar para salir de la velocidad luz para evitar la detección del buque minero Romulano en la fantástica película de *Star Trek 11*.

Lo más interesante acerca de Titán, es que la gravedad es bastante baja y la atmósfera lo suficientemente espesa, que al unir unas alas pequeñas a sus brazos, !usted podría volar como un pájaro!

La NASA también ha aterrizado una pequeña nave espacial en la superficie de Titán. El 14 de Enero del 2005, una sonda muy pequeña llamada *Huygens* penetró la espesa atmósfera de Titán y cayó en paracaídas sobre la superficie. La sonda tomó fotografías de todo el camino mientras caía y una foto de la superficie (mostrada a la derecha).

En el momento de estar escribiendo esto (2013), Saturno es un planeta de Primavera y Verano. Si usted está consultando este libro en un futuro lejano, por favor consulte su programa de observación de estrellas para obtener una ubicación precisa.

Para encontrar a Titan, primero, encuentre a Saturno. Una vez que haya encontrado a Saturno, Titán estará orbitando a la derecha del mismo.

Dificultad: 3 Supernovas.

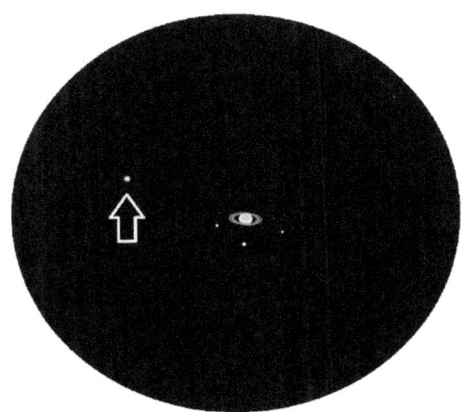

Saturno y Titan a través de un telescopio

18. Eclipse Lunar

Referido a menudo como una Luna de Sangre, los Eclipses Lunares no son tan raros como usted podría pensar. A diferencia de los Eclipses Solares los cuales solo son visibles en ciertos lugares, los Eclipses Lunares puede ser observados desde casi cualquier lugar en el lado nocturno de la Tierra, suponiendo que haya ninguna nube a la vista.

Un Eclipse Lunar ocurre cuando la Luna pasa a la sombra de la Tierra. La luz del Sol pasa a través de la atmósfera de la Tierra dando así a la Luna un color rojizo.

Existen tres tipos básicos de Eclipses lunares. El primero y el más emocionante, es el Eclipse Lunar Total, donde la Luna es totalmente sumergida en la sombra de la Tierra. El segundo, es el Eclipse Lunar Parcial. Durante un Eclipse Parcial, la Luna es cubierta sólo parcialmente. Finalmente, existe el Eclipse Lunar Penumbral, donde la luz que pasa a través de la atmósfera de la Tierra ilumina una sección de la Luna, pero ninguna sombra distinguible es visible. Sin embargo, los Eclipses Penumbrales son a menudo difíciles de distinguir de una Luna llena normal.

La siguiente página muestra un calendario de Eclipses Lunares Totales y Parciales hasta el año 2030.

Dificultad: 2 Supernovas

Eclipse Lunar, Foto del autor

18.5. Calendario de Eclipses Lunares

Fecha del calendario	Tipo de Eclipse	Mayor tiempo de Eclipse (UT ~ UTC)	Duración del Eclipse	Región geográfica de visibilidad del Eclipse
07 de agosto de 2017	Parcial	18:21:38	01h55m	Europa, África, Asia, Australia.
31 de enero de 2018	Total	13:31	03h23m	Asia, Australia, Pacífico, oeste de Norteamérica
27 de julio de 2018	Total	20:22:54	03h55m	América del sur, Europa, África, Asia, Australia.
21 de enero de 2019	Total	5:13:27	03h17m	Pacífico central, Américas, Europa, África
16 de julio de 2019	Parcial	21:31:55	02h58m	América del sur, Europa, África, Asia, Australia.
26 de mayo de 2021	Total	11:19:53	03h07m	Asia oriental, Australia, Pacífico, Américas
19 de noviembre de 2021	Parcial	9:04:06	03h28m	Américas, norte de Europa, Asia oriental, Australia, Pacífico
16 de mayo de 2022	Total	4:12:42	03h27m	Américas, Europa, África
08 de noviembre de 2022	Total	11:00:22	03h40m	Asia, Australia, Pacífico, Américas
28 de octubre de 2023	Parcial	20:15:18	01h17m	Oriental de las Américas, Europa, África, Asia, Australia
18 de septiembre de 2024	Parcial	2:45:25	01h03m	Américas, Europa, África
14 de marzo de 2025	Total	6:59:56	03h38m	Pacífico, Américas, Europa occidental, África occidental
07 de septiembre de 2025	Total	18:12:58	03h29m	Europa, África, Asia, Australia
03 de marzo de 2026	Total	11:34:52	03h27m	Asia oriental, Australia, Pacífico, Américas
28 de agosto de 2026	Parcial	4:14:04	03h18m	Este Pacífico, Américas, Europa, África
12 de enero de 2028	Parcial	4:14:13	00h56m	Américas, Europa, África
06 de julio de 2028	Parcial	18:20:57	02h21m	Europa, África, Asia, Australia
31 de diciembre de 2028	Total	16:53:15	03h29m	Europa, África, Asia, Australia, Pacífico
26 de enero de 2029	Total	3:23:22	03h40m	Américas, Europa, África, Oriente Medio
20 de diciembre de 2029	Total	22:43:12	03h33m	Américas, Europa, África, Asia
15 de junio de 2030	Parcial	18:34:34	02h24m	Europa, África, Asia, Australia

Predicciones Eclipse por Fred Espenak, NASA GSFC

19. Manchas Solares

Las manchas solares son remolinos o tormentas de actividad magnética cerca de la superficie del Sol, las cuales producen una temperatura más baja en un área determinada.

¿Qué es interesante acerca de las manchas solares? Pues bien, en primer lugar, ¡generalmente son alrededor del tamaño de la Tierra! En segundo lugar, vienen en pares (uno para cada polo magnético de la perturbación). En tercer lugar, cambian de sitio cada día. En cuarto lugar, una vez tomé una fotografía de una mancha solar que se parecía a Hawaii.

Para ver las manchas solares, utlice un filtro solar comercial sobre su telescopio o binoculares, y luego proceda a enfocar correctamente al Sol. Con el Sol enfocado, casi siempre deberá ser capaz de ver al menos de una o dos manchas solares.

Dificultad: 2 Supernovas.

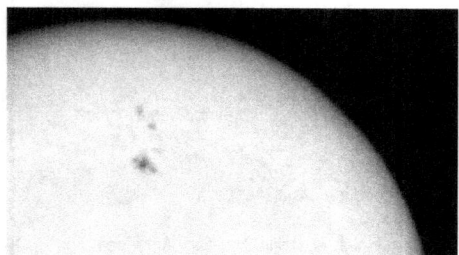

Manchas solares que parecen islas Hawaianas

Fotografiando el Sol utilizando binoculares solares filtrados y un iPhone

20. Eclipse Solar

Un Eclipse Solar ocurre cuando la Luna pasa por delante el Sol. Debido a la órbita elíptica de la Luna, en algunas ocasiones el eclipse ocurre cuando la Luna está más cerca de la Tierra, y en algunas ocasiones ocurre cuando la Luna está más lejos. Por esta razón, hay dos tipos de eclipses. En primer lugar, existe el Eclipse anular, donde la Luna está más lejos y no puede cubrir completamente al Sol. Cuando la Luna está orbitando cerca de la Tierra y existe un eclipse, la Luna bloqueará completamente al Sol y observaremos un Eclipse Solar Total.

Admito que nunca he sido testigo de un Eclipse Solar Total, pero he escuchado que ver un Eclipse Solar Total es una experiencia maravillosa; el aire se hace más fresco, los animales hacen cosas extrañas, y todo se pone notablemente más oscuro. Para obtener una lista de los 32 pasos a realizar para prepararse para un eclipse solar total, consulte este gran artículo: http://www.ehow.com/how_17510_view-solar-eclipse.html

Sólo he tenido la experiencia de observar un eclipse anular, que es como yo fui capaz de tomar la foto en la parte inferior (usando mi iPhone, binoculares y un filtro solar).

Durante la hora previa y la hora posterior a la totalidad, (totalidad es cuando la Luna cubre totalmente el Sol. Esto puede durar entre treinta segundos hasta seis minutos) usted puede ver al Sol a través de su telescopio utilizando un filtro solar comercial.

Mapas y horarios de todos los Eclipses Solares Totales y Eclipses Anulares hasta el año 2025 son incluidos en el apéndice de este libro. El siguiente Eclipse Solar Total que cruzará a los Estados Unidos será en el año 2017.

Dificultad: 2 Supernovas.

Eclipse Solar Anular - 20 de Mayo del 2012

21. Los Pléyades

Usted puede omitir este objeto si conduce un Subaru, porque observa a este cúmulo de estrellas cada vez que mira su volante. Si usted no conduce un Subaru, los Pléyades pueden encontrarse a la derecha de Orión, (esa es su derecha, la izquierda de Orión).

Algunas personas piensan que esta es la constelación de la Osa Menor. No es así. La Osa Menor real es bastante tenue, pero considerablemente más grande que las Pléyades y se encuentra en el cielo septentrional.

Para encontrar las Pléyades, mire hacia arriba a la derecha de Orión, normalmente, con cualquier cantidad de contaminación de luz, sólo 6 de las 7 estrellas más brillantes de las Pléyades son visibles a simple vista. Sin embargo, tan pronto como usted mira en su telescopio, ¡docenas de estrellas saltarán a la vista!

Dificultad: 1 Supernova.

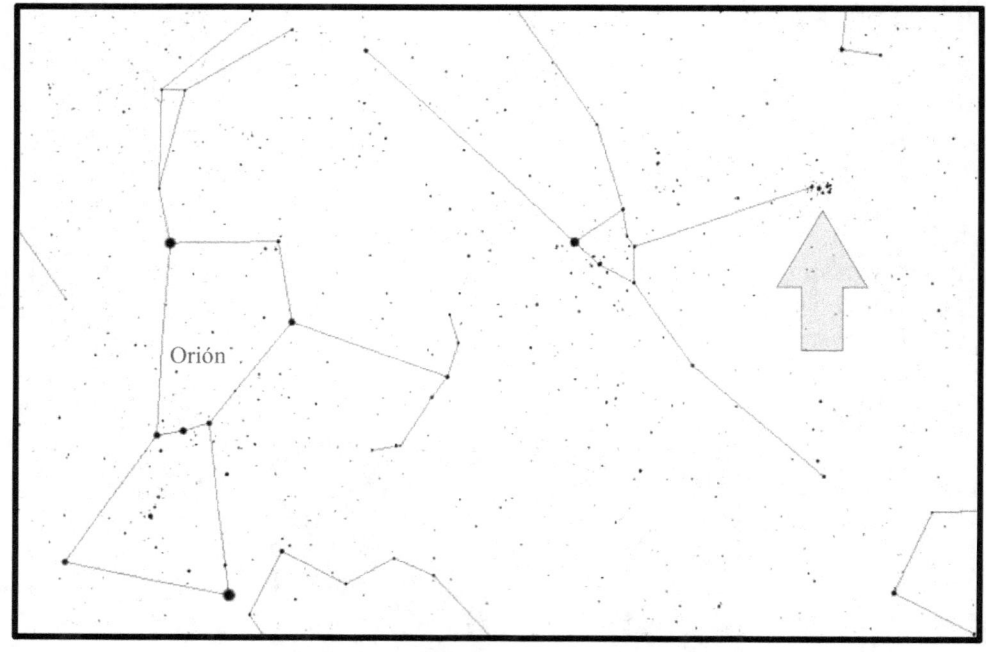

22. El Cúmulo de Estrellas de Hércules

Este Cúmulo Globular es uno de sólo unos pocos objetos en este libro que reside ¡fuera del plano de la galaxia! No en vano, aquí es donde la Tierra fue robada y escondida en la clásica novela de Dan Simmon, *"Hyperion"* (1989).

También es uno de los objetos más brillantes en el cielo profundo. Y, sin sorprendernos, el mismo es muy fácil de encontrar, ¡porque este amigo es enorme! Hay muchísimos cientos de miles de estrellas aquí, y entre más lo observa, más estrellas llegan. Si su telescopio es muy pequeño, usted verá este objeto como un bola gris (por lo tanto, globular).

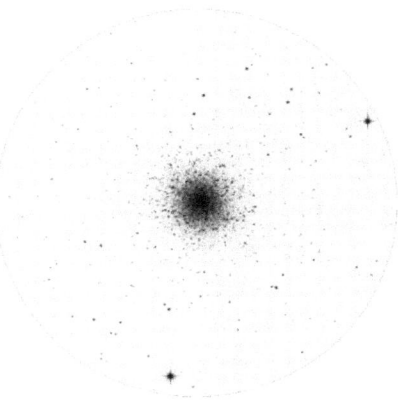

¿Cómo se encuentra? Sólo elija una orilla del cuadrado de la constelación de Hércules, y busque alrededor del borde del cuadro hasta que lo encuentre.

Cúmulo de Estrellas de Orión a través de un telescopio

Dificultad: 3 Supernovas.

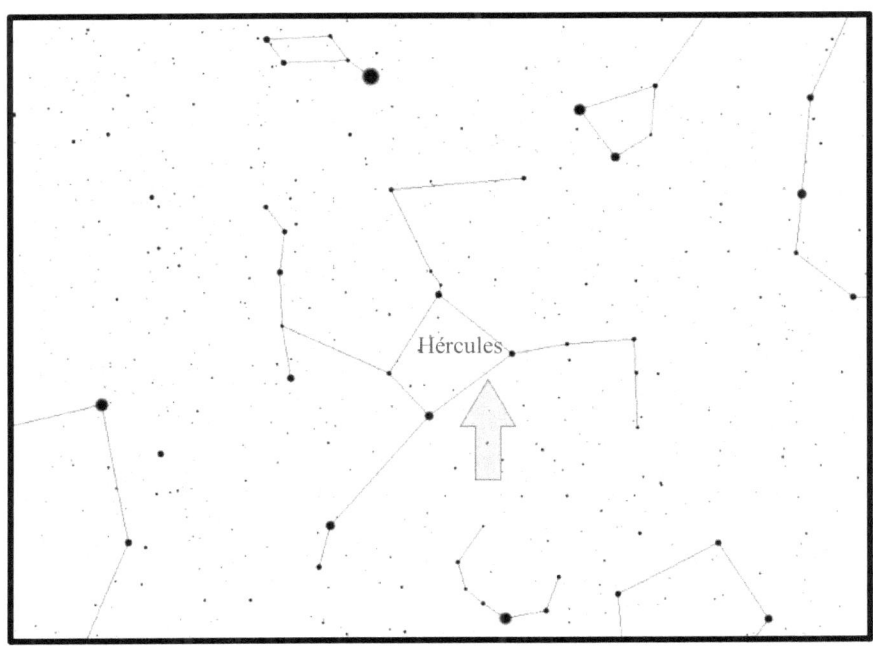

Hércules

37

23. ¡La Vía Láctea!

Si usted es un astrónomo aficionado (si usted tiene un telescopio, ese es usted) y usted no puede encontrar la Vía Láctea, pues bien, ¡supongo que usted solo necesita cielos más oscuros! De hecho, todas las estrellas que usted observa en el cielo nocturno son parte de la Vía Láctea. Normalmente, cuando alguien dice que puede ver la Vía Láctea, en realidad se refieren al *plano* de la Vía Láctea. Usted puede ver claramente el plano en la foto que se incluye en la parte inferior.

Si usted vive en un área con contaminación de luz, probablemente no se vea la espesura blanca que forma el plano de la Vía Láctea. De hecho, el máximo número de estrellas visibles en el cielo desde dentro de una gran ciudad, es cerca de una docena. En el campo, si realmente quisiera contar todas las estrellas, podría contar hasta 6,000 en una noche sin Luna. ¡La Vía Láctea contiene entre 300 billones y 400 billones de estrellas! Por esta razón aparece como una nube blanca en un cielo verdaderamente oscuro.

Si usted no puede ver ninguna estrella, usted está observando la Vía Láctea. Pero si mira con su telescopio hacia el plano de la galaxia, las estrellas aparecerán mucho más densas.

Una de las maneras de explorar el plano de la Vía Láctea, es empezar en un horizonte y buscar su camino hacia el otro, usted nunca sabe lo que encontrará.

Dificultad: 1 Supernova

Vía Láctea desde Hawaii. Foto del autor.

24. La Galaxia de Andrómeda

Antes del siglo XX, se creía que la Vía Láctea ¡era la única galaxia en el universo! Los astrónomos nombraban a los objetos que parecían residir fuera de la galaxia como "Universos Isla", pero no estaban muy seguros de lo que eran. No fue hasta que Edwin Hubble midió con precisión la distancia a la Galaxia de Andrómeda, y el debate sobre la existencia de los Universos de la Isla estaba cerrado. Antes de Hubble, muchos astrónomos creían que la Galaxia de Andrómeda era realmente una nebulosa y la llamaban la Nebulosa de Andrómeda.

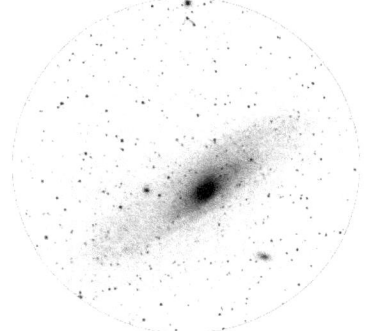

La cosa interesante acerca de la Galaxia de Andrómeda es que ¡es más de seis veces tan amplia como la Luna llena! Sin embargo, la única manera de ver la extensión completa de esta galaxia es a través de una fotografía de larga exposición. Cuando usted observa la Galaxia de Andrómeda en su telescopio, sólo está viendo el núcleo galáctico brillante, el cual aparece en sus ojos como una hermosa mancha gris.

Galaxia de Andrómeda a través de un telescopio

Para encontrar la Galaxia de Andrómeda, use la constelación de Cassiopea (La gran W) y observe la distancia entre cualquiera dos estrellas que conforman la W, luego cuente tres veces estas distancias como se muestra en el diagrama de abajo.

Dificultad: 3 Supernovas. A pesar de que la Galaxia de Andrómeda puede verse a simple vista, todavía me resulta relativamente difícil encontrarla. Esto es porque la mayoría de nosotros vivimos en lugares con mucha contaminación de luz.

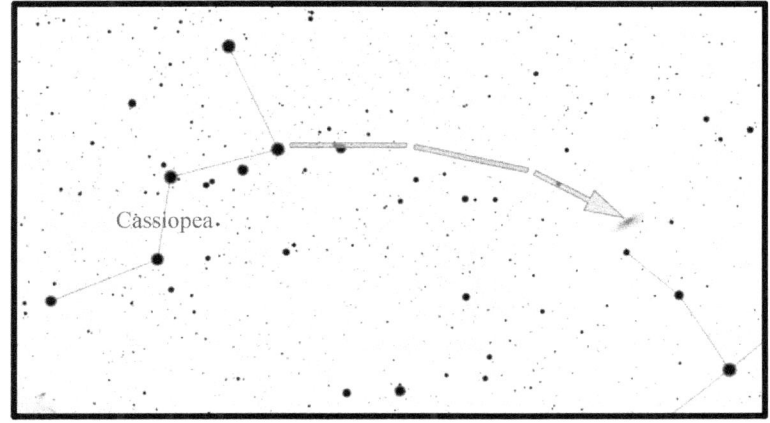

25. Cometas

¿Cuál es la mejor manera de saber si usted puede ver un cometa? Leer las noticias. Los cometas que se acercan generalmente conseguirán llamar la atención de los medios de comunicación. Sin embargo, en los medios de comunicación, las afirmaciones enormemente exageradas de brillo (o encuentros cercanos apocalípticos con la Tierra) son comunes. La mayoría de las veces, a pesar del escándalo, sólo unos pocos de estos cometas realmente pueden ser vistos por el casual observador del cielo.

Los cometas no son estrellas fugaces. Los cometas son bolas de hielo del tamaño de una ciudad que viajan a más de 160 mil kilómetros por hora. Al pasar cerca del Sol, los cometas "sueltan gas", creando una cola visible de partículas de millones de kilómetros de largo.

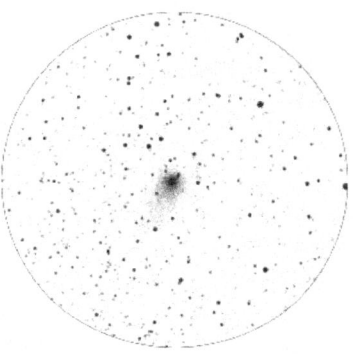

Generalmente observamos cometas desde una distancia de cientos de millones de kilómetros. Entonces, aunque los mismos estén viajando a gran velocidad, a menudo

Cometa a través de un telescopio

son visibles tanto como en un mes. Esto le da al astrónomo amateur suficiente tiempo para observar.

Cómo ver un cometa: Los sitios web de Astronomía y los medios de comunicación publicarán historias prominentes cuando un cometa es visible en el cielo nocturno. La mayoría de estas fuentes le darán instrucciones acerca de hacia dónde buscar. Si el cometa es tenue, use binoculares para buscar a través del cielo según el mapa, una vez que lo haya encontrado, cambie a su telescopio para ver más de cerca.

Dificultad: 2-5 Supernovas dependiendo del cometa, 2 si el cometa puede verse con los ojos sin ninguna ayuda, y 5 si usted descubre un nuevo cometa ¡y lo nombra!

Cometa visto sin ayuda visual

26. Draco

Draco, sí, esta es otra parada en el camino del paseo astronómico de Harry Potter. Pero ya que todas las estrellas en la constelación de Draco son muy tenues, no son la razón por la que este objeto está en esta lista.

Si usted sabe Latín, entonces usted sabe que Draco significa "dragón". Si usted observa la constelación, verá la cabeza del dragón. Así, cada mes de octubre, ¡este Dragón respira fuego! "Las Dracónidas de Octubre" es el nombre dado a los meteoros que parecen dispararse desde la cabeza del dragón.

Para obtener una foto increíble, ponga su cámara sobre un tripié y tome una serie de exposiciones de 30 segundos en toda la noche. Si usted no cuenta con una cámara con exposición manual, sólo tiene que utilizar el ajuste para fuegos artificiales. Usted podría sólo obtener una foto que valiera la pena de este dragón real que respira fuego.

Dificultad: 1 Supernova por encontrar la constelación, 4 Supernovas para fotografiar un meteoro.

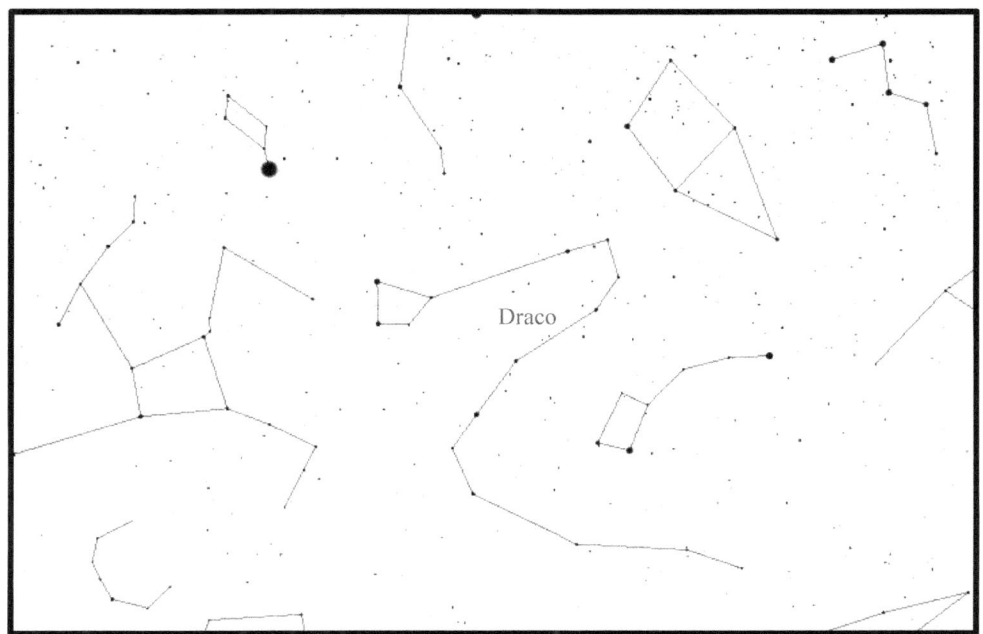

Draco

27. Helicópteros y Aeronaves

¿Vive usted en una zona de alta delincuencia? Yo definitivamente si. La próxima vez que la policía esté buscando a un sospechoso, use su telescopio para ver si puede distinguir el helicóptero de la policía de el del helicóptero de las noticias.

Usted podría pensar que este objeto es extraño para ser incluido en un libro de astronomía, sin embargo, los astrógrafos más grande del mundo, como Thierry Legault, utilizan aviones como práctica de preparación para detectar objetos rápidos en movimiento en el espacio, como la Estación Espacial Internacional. El increíble trabajo de Thierry se puede encontrar aquí: http://legault.perso.sfr.fr/

Para ver un avión en su telescopio, usted querrá utilizar la cantidad mínima de ampliación; esto requerirá el uso de su ocular más grande. Utilice el telescopio buscador para acercarse al avión y comenzar a mover su telescopio para mantenerlo a la vista. Mantenga el rastreo mientras usted se mueve de la lente buscadora hacia el ocular.

El rastreo de una aeronave es más fácil o más difícil dependiendo del tipo de montura que esté utilizando. Una montura "Lazy-Susan" (llamada Dobsonian), montura de tazón, o montura de cámara sería la óptima; mientras que una montura ecuatorial será difícil ya que el movimiento es restringido.

Perseguir una aeronave es una gran actividad de fiesta de estrellas para niños para antes de que oscurezca. Sólo asegúrese de que el Sol esté en un lugar donde no apunte el telescopio por accidente hacia esa dirección. Cuando estoy trabajando con estudiantes, a veces jugamos un juego para ver quién puede adivinar a qué línea aérea pertenece el avión, ¡entonces observamos a través del telescopio para averiguar!

Nave Espacial Endeavour y Avión de Carga. Foto del Autor.

Dificultad: 2 Supernovas.

28. La Estación Espacial Internacional

Apodada "ISS" por sus siglas en Inglés, para las personas en la comunidad espacial, la Estación Espacial Internacional puede ser vista al menos un par de veces por semana desde casi cualquier ubicación en la Tierra. Es visible ya sea en la mañana antes del amanecer o por la noche poco después de la puesta del Sol.

Ver la Estación Espacial con su telescopio puede ser difícil, especialmente si usted tiene una montura ecuatorial, pero con un diseño Dobsonian o de sobre mesa podrá ser un objetivo relativamente fácil de encontrar. Utilizar la aplicación de la NASA para su smartphone u otra aplicación de rastreo de ISS gratis (como "ISS Spotter" para iPad) para enterarse de la próxima vez que la Estación Espacial Internacional pasará por el lugar.

Para ver la ISS en su telescopio, utilice un ocular que proporcione una ampliación media. Primero, rastree la estación en su lente buscador, y luego cambie al ocular. Si tiene suerte, usted deberá ser capaz de distinguir los paneles solares.

¿Cómo es posible ver tanto detalle? Pues bien, la ISS está orbitando sólo a unos cientos de kilómetros sobre la Tierra, y es del tamaño de un campo de fútbol. Esto significa que en su parte más cercana, la Estación puede aparecer tanto como ¡tres veces más grande que Saturno!

Nota: El encontrar la ISS en su telescopio es mucho más fácil con dos personas, una para rastrear la estación espacial en el telescopio, y la otra persona para observar la estación a través del ocular.

Dificultad: 4 Supernovas.

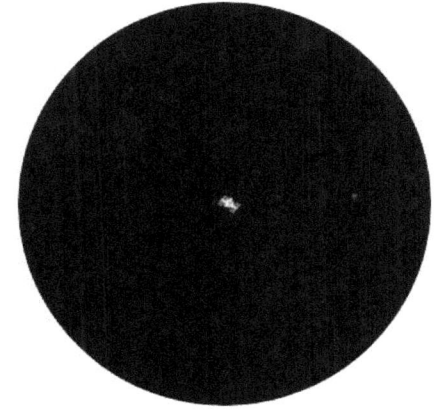

ISS. Foto del autor

ISS a través de un telescopio

(Nota: la ISS se mueve DEMASIADO rápido)

29. Altair y el Triángulo de Verano

El Triángulo de Verano (o como mi esposa lo llama, "La Gran Rebanada de Pizza") es una parte interesante del cielo porque se extiende a ambos lados del plano de nuestra galaxia. Por esta razón, está lleno de muchos objetos para ser descubiertos mientras usted se va sumergiendo más profundo en la astronomía y se actualiza a telescopios más grandes.

El Triángulo de Verano es también otra manera de aprender su camino alrededor de algunos objetos importantes en esta parte del cielo. El Triángulo de Verano se destaca por las tres estrellas: Vega, Deneb y Altair.

Altair es probablemente el más utilizado en la ficción. Una razón para esto es su proximidad a la Tierra. A sólo 16.7 años luz de distancia, es una de las estrellas más brillantes. En la *"Guía del Viajero Intergaláctico"*, dólares Altarianos son la moneda utilizada en todo el libro. Altair también es mencionado en múltiples episodios de Viaje a las Estrellas, así como en *Viaje a las Estrellas: La Ira de Khan*. También es mencionada en un par de episodios de *Doctor Who*.

Desafortunadamente, no existen en este momento planetas que se hayan sido descubiertos orbitando Altair. Sin embargo, esto pudiera cambiar con el lanzamiento de una nave espacial llamada a TESS por sus siglas en Inglés (Transiting Exoplanet Survey Satellite), el cual se lanzará en el año 2017. TESS explorará de manera continua alrededor de 2 millones de las estrellas más cercanas en busca de planetas que sean parecidos a la Tierra.

Dificultad: 1 Supernova

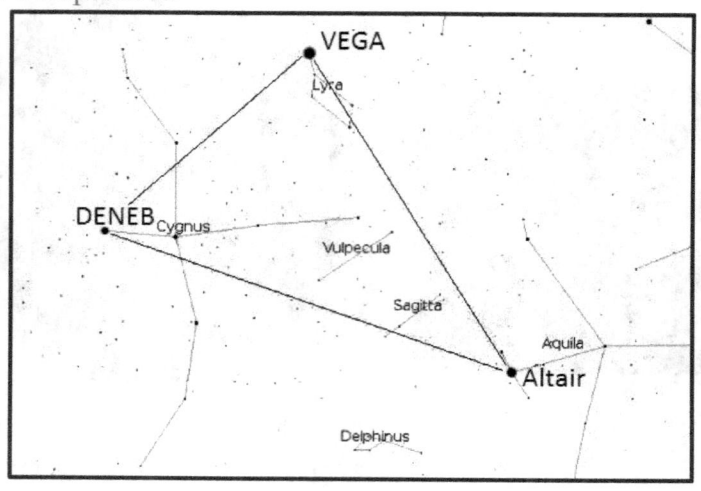

30. Paisajes Urbanos y Parajes

El apuntar el telescopio a los objetos basados en la superficie es una gran manera de conocer el poder de su telescopio. En una una ocasión, cuando fui voluntario en un evento en el Monte Diablo en California, apuntamos el telescopio hacia San Francisco. Al parecer, ¡los Gigantes acababan de ganar su juego y fuegos artificiales empezaron a ser lanzados sobre el estadio! Usted no podía verlo sin el telescopio, por lo que todos los niños que estaban ahí que se encontraban en esa noche se reunieron alrededor del telescopio ¡y tomaron turnos para ver los fuegos artificiales!

El reto al ver a objetos sobre la superficie es que la mayoría de los telescopios invierten la imagen. Por esta razón, algunos telescopios utilizan una lente "invertidora" para voltear las cosas del lado corrector hacia arriba.

Los paisajes se convierten en objetivos interesantes del telescopio si usted se encuentra en una campamento de excursión, o si ha colocado su telescopio antes del atardecer. ¿Por qué cree que tantos destinos turísticos han montado permanentemente telescopios o binoculares en cada mirador?

Si usted se encuentra en Yosemite, ¡observe a los alpinistas escalar El Capitán! Si usted está acampando en el Monumento Nacional de Lava Beds, observe los kilómetros y kilómetros de roca volcánica. ¿Está acampando en la playa? Utilice su telescopio para observar las naves en mar adentro.

¡Incluso podría ver una ballena!

Dificultad: 1 Supernova.

Puente Golden Gate desde Monte Diablo. Foto del Autor.

31. Aves

Personalmente, no sé mucho acerca de aves, pero algunas personas compran sus telescopios con la intención de observar de aves. Algunos telescopios pequeños, tales como el Meade ETX 60, vienen con una ranura separada para la cámara para este propósito.

Una de las grandes cosas sobre la observación de aves con un telescopio, es la profundidad de campo. La profundidad de campo es un término usado en la fotografía para describir el grado en el cual el sujeto está en foco. Al ver un pájaro en un árbol con un telescopio, sólo el ave estará en enfocada. Esto es porque el telescopio naturalmente crea una profundidad del campo "poco profunda".

Los telescopios son mejores para la visualización de aves que se encuentran lejos; de lo contrario sería mejor utilizar binoculares. Según una búsqueda rápida en la web, las mejores aves para mirar a través de un telescopio son aves de caza en campo abierto, o aves marinas.

Dificultad 2 Supernovas, si hay muchísimos pájaros. 4 Supernovas si hay muy pocas aves.

Ave en Berkeley. Foto del autor

32. La Nebulosa Mancuerna (M27)

Descubierta en el año de 1764 por el Astrónomo francés Charles Messier, la Nebulosa Mancuerna fue la primera nebulosa planetaria jamás descubierta. También tiene el mayor tamaño aparente de cualquier objeto en este libro. La foto de abajo muestra su tamaño aparente relativo la Luna.

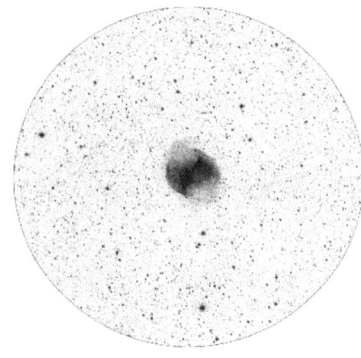

La nebulosa se encuentra en el Triángulo de Verano entre las constelaciones de Vulpecula y Sagitta.

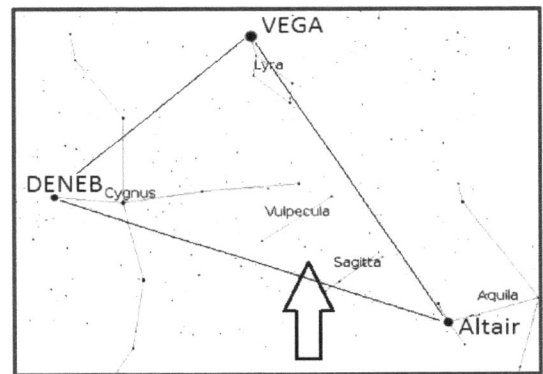

Nebulosa Mancuerna a través de un telescopio

Curiosamente, la Nebulosa Mancuerna no le fue dada su nombre hasta 1833, cuando el astrónomo John Herschel realizó este registro:

"Una nebulosa en forma de una mancuerna, con el contorno elíptico, completado por una débil luz nebulosa."

Dificultad: 3 Supernovas

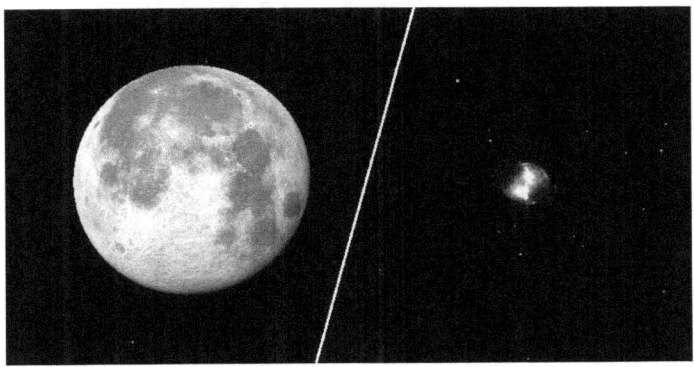

La Luna y M27 con la misma ampliación

33. Albireo

Albireo es definitivamente una favorita de las fiestas de estrellas. Esto es porque usted puede ver un gran contraste entre los dos colores de las estrellas. Albireo en sí misma es una estrella amarilla, pero también es una estrella binaria con un compañero de azul. Estas estrellas son llamadas Albireo A y Albireo B respectivamente.

Albireo se encuentra en la base de la Cruz del Norte, la cual no es en realidad una constelación, pero un asterismo (un asterismo es un grupo fácilmente reconocible de estrellas que oficialmente no es una constelación. Otro ejemplo de un asterismo es la Osa Mayor). Esta constelación es en realidad Cygnus, el Cisne. Cygnus es primeramente una constelación de Verano y Otoño.

Dificultad: 2 Supernovas.

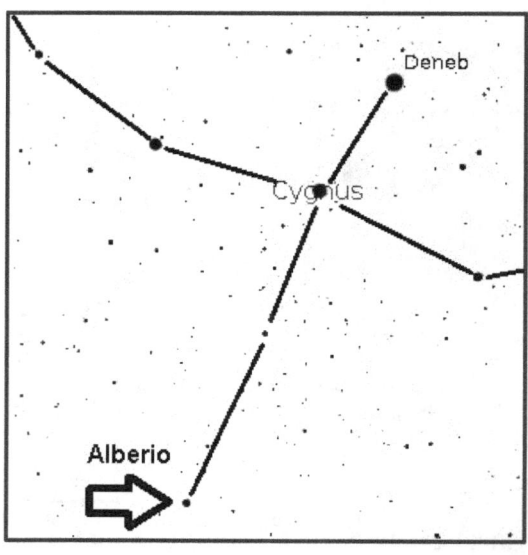

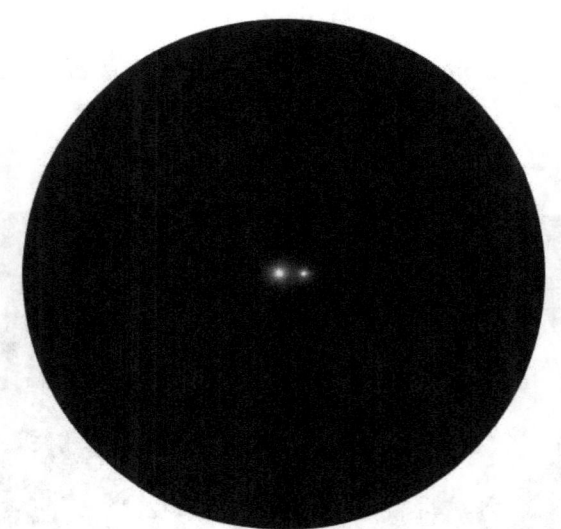

Albireo a través de un telescopio (En esta imagen, la estrella amarilla se encuentra a la izquierda)

48

33. Mizar y Alcor

No hay necesidad de optometristas cuando usted cuenta con estas dos estrellas a la vista. Apodado "Caballo y Jinete", el ver estas estrellas localizadas en la Osa Mayor ¡solía ser un examen de la vista! Sin embargo, en nuestros días, la mayoría de la gente puede diferenciar estas dos estrellas con lentes corregidos.

Estas estrellas constituyen el centro del mango de la Osa Mayor. Cuando se observan estas estrellas, primera note las estrellas dobles las cuales pueden verse con el ojo desnudo, luego observe a ambas estrellas de nuevo, pero a través del telescopio. Usted se dará cuenta de que la más brillante de las dos estrellas ¡también es en realidad una estrella doble!

Dificultad: 2 Supernovas.

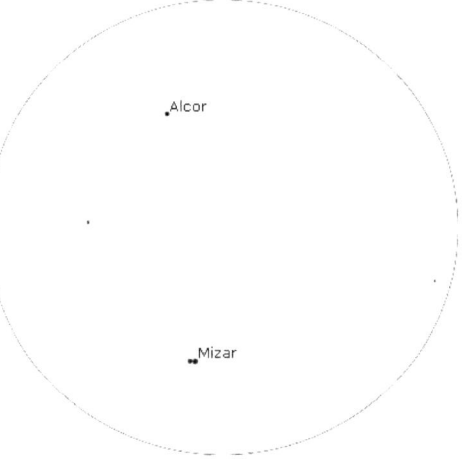

Mizar y Alcor a través de un telescopio

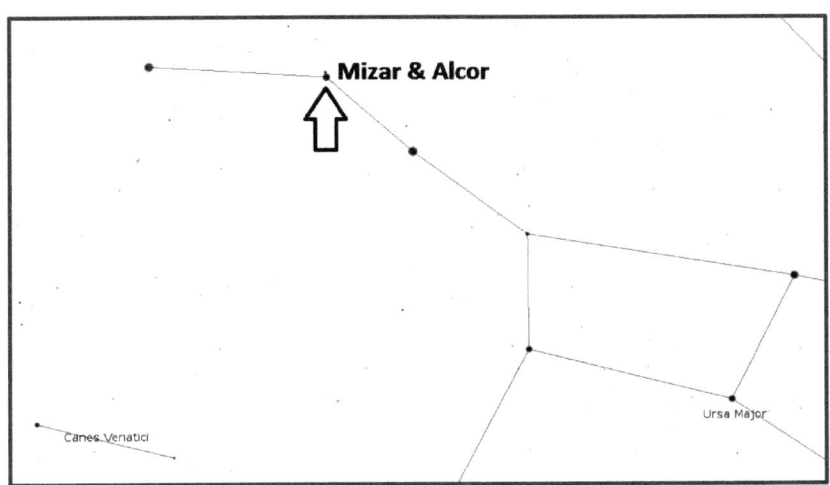

34. Doble Cúmulo en Perseo

Estos cúmulos de estrellas son notables por dos razones. La primera, son fáciles de encontrar desde el Hemisferio Norte, ya que están sobre el horizonte la mayoría de las noches. La segunda, cada año las lluvias de los Meteoros de Perseidas se originan de esta parte del cielo a mediados de Agosto.

¡Los cúmulos de estrellas son ideales para mostrar sólo cuántas estrellas existen en el exterior! Para encontrar el Doble Cúmulo en Perseo, mire hacia Cassiopeia (la W grande) y usted encontrará los cúmulos abajo y a la izquierda de la W (o arriba y a la derecha de una M grande dependiendo de la fecha y temporada).

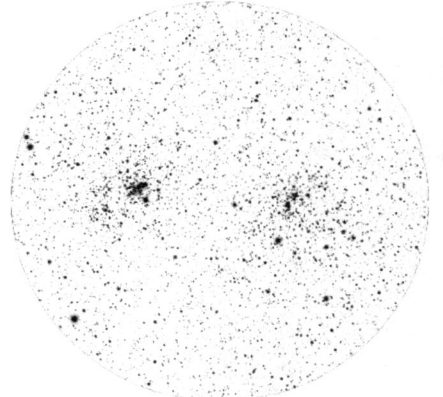

Dificultad: 2 Supernovas.

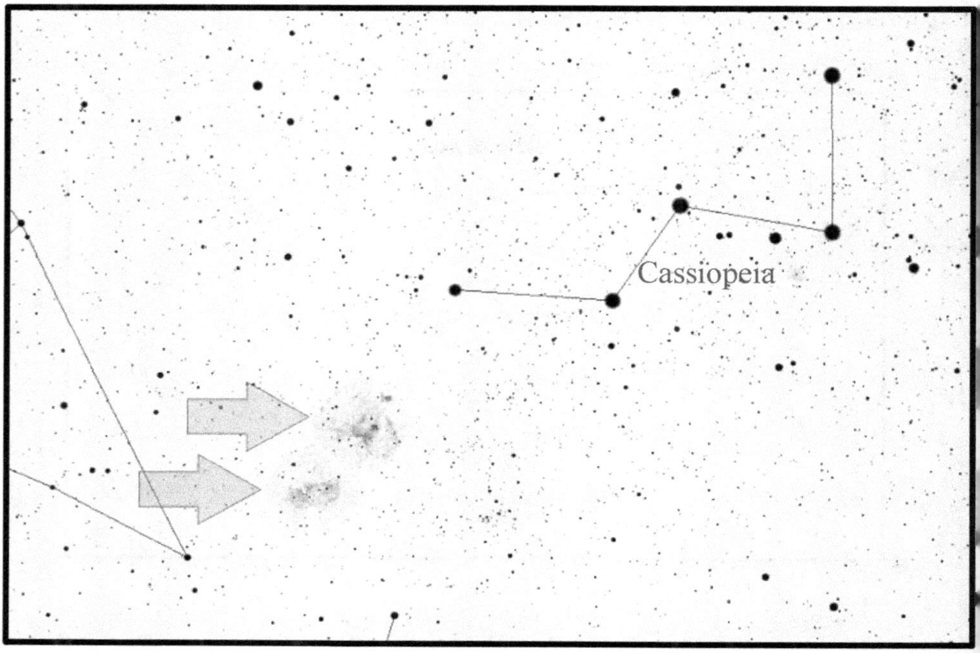

Cúmulo Doble a través de un telescopio

35. Vega

Sí, el planeta natal de Jodie Foster...sólo es una broma (la matriz de radio extraterrestre alienígena del libro y la película *"Contacto"* está situada en Vega).

Curiosamente, Vega fue la Estrella del Norte hace unos 12 mil años, y lo será de nuevo en unos 12 mil años de ahora. Esto es debido a la precesión de la Tierra alrededor de su eje.

La precesión es una propiedad de objetos que rotan. Usted puede observar la precesión directamente en juguetes que giran, como un giroscopio. Un giroscopio precesionará, si usted lo toca, en manera de un suave tambaleo. Para la Tierra, la precesión es principalmente el resultado de la influencia gravitacional del Sol y la Luna.

Vega es la estrella más brillante en la constelación de Lyra, y es visible muy alto en el cielo durante el Verano. También en esta constelación se encuentra la famosa Nebulosa Anillo (como se explica en la siguiente sección).

Dificultad: 1 Supernova

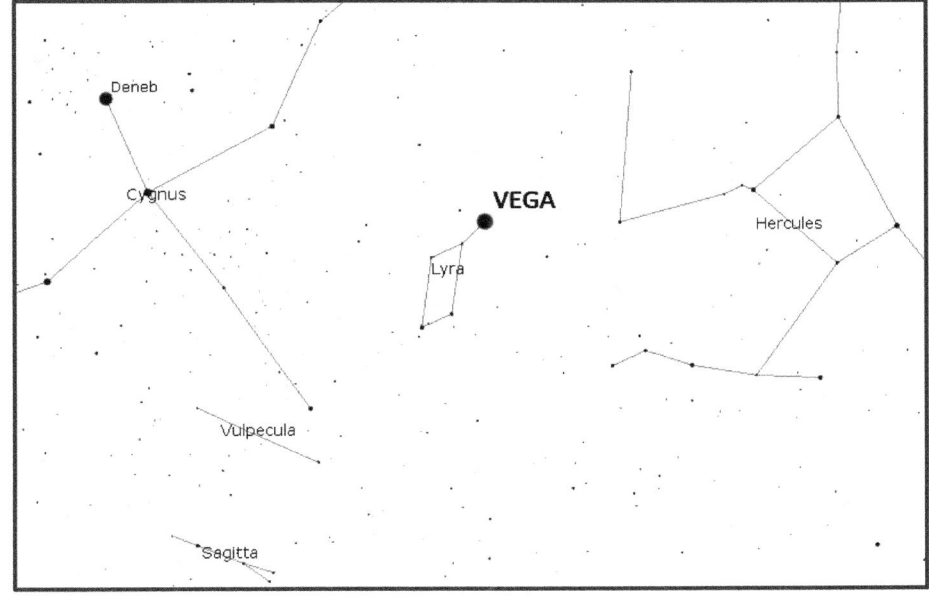

36. La Nebulosa Anillo

La Nebulosa Anillo es tan grande como Júpiter en su telescopio, pero no tan brillante. El reto en un telescopio pequeño es el claramente distinguir el orificio en el Anillo. Para poder ver el centro del Anillo, usted necesitará un telescopio con un lente o espejo de al menos 10 cm (4 pulgadas) de diámetro.

Esta Nebulosa se formó cuando una estrella Gigante Roja desprendió su carcasa exterior de gas ionizado, dejando sólo una estrella enana blanca donde una vez se encontraba el Gigante Rojo.

Para encontrar la Nebulosa del Anillo, busque con el telescopio entre las estrellas *Sheliak y Sulafat* en la constelación de Lyra.

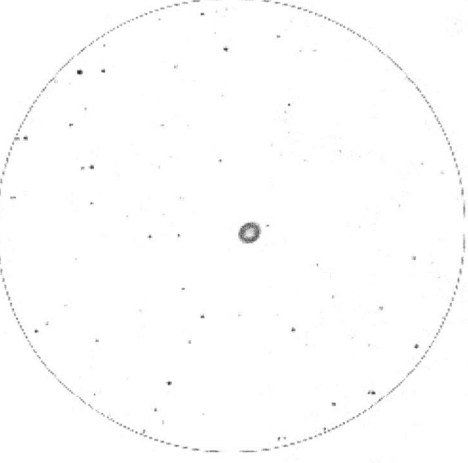

Nebulosa Anillo a través de un telescopio

Dificultad: 3 Supernovas.

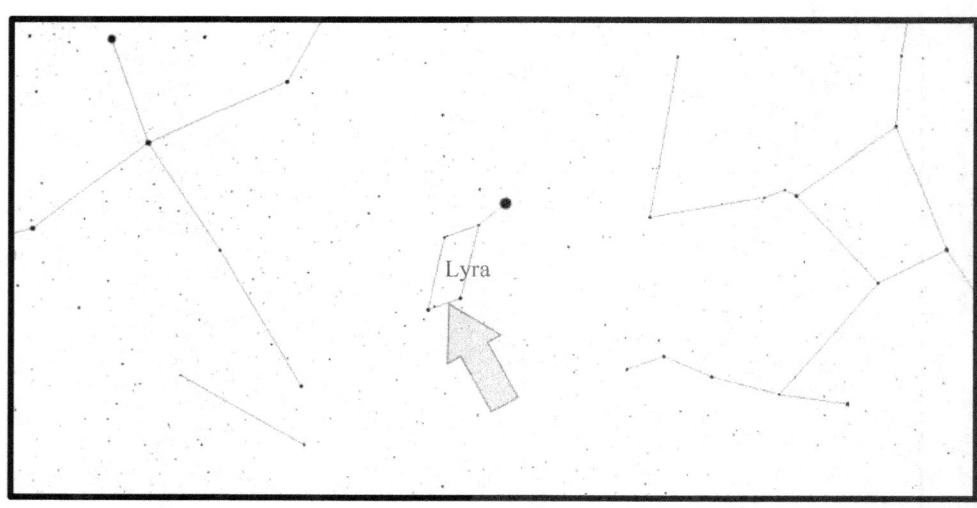

37. ¡Meteoros, Meteoritos, y Meteoroides!

Meteoros, meteoritos y meteoroides. Incluso yo confundo estos términos. Una "estrella fugaz" es un meteoro. Una buena manera de recordar esto es que tenemos "lluvias de meteoros", no lluvias de meteoritos. La roca espacial solamente es llamada un meteorito si toca el suelo. Un meteoroide es el término para la roca en sí misma antes de que entre en la atmósfera. Probablemente usted nunca ha visto un meteorito en el telescopio debido a su pequeño tamaño, normalmente si es más grande que unos muy pocos metros de ancho, sería clasificado como un asteroide.

Si usted realiza cualquier cantidad de observación del cielo, usted verá un montón de meteoros, se lo garantizo. Justo este Viernes pasado estaba trabajando con un grupo de una escuela en Walnut Creek, California, cuando un meteoro muy brillante pasó por la sección del cielo por la que todos estábamos mirando. Podía ver la desintegración y el consumo del meteoro durante unos segundos.

¡La mayoría de los meteoros son más pequeños que una pelota de golf! Puede verlos porque se están moviendo a decenas de kilómetros por segundo, y cuando estas partículas golpean la atmósfera, se queman muy brillantemente.

¡Incluso verá meteoros en su telescopio! Usted no puede planear ver un meteoro, pero buscando con suficiente tiempo, usted está obligado a ver uno que cruce su campo de visión.

Dificultad: 1 Supernova sin un telescopio, 3 Supernovas si tiene suerte de ver un meteoro cruzar su campo de visión mientras mira a través de su telescopio.

Autor tomando un meteorito

38. Asteroides Ceres y Vesta

Usted pudiera estar enterado acerca del cinturón de asteroides entre Marte y Júpiter, pero la mayoría de la gente no se da cuenta de lo disperso que está el cinturón. Incluso en el cinturón de asteroides, el espacio es todavía muy, muy vacío. La masa de Ceres constituye un tercio del cinturón de asteroides entero. Y la masa de todos los asteroides ¡es menos del 4% de la masa de nuestra Luna!

En el 2006 la Unión Astronómica Internacional reclasificó a Ceres como un Planeta Enano (al igual que Plutón). Vesta, debido a su masa más pequeña, está clasificada como un planeta menor. Sin embargo, ambos de estos objetos son lo suficientemente pequeños, y lo suficientemente lejanos que se miran justo como estrellas en su telescopio. Ceres y Vesta pueden ser vistos sin un telescopio en cielos extremadamente oscuros.

Vesta fotografiada por la Nave Espacial Dawn

Para observar Ceres o Vesta, utilice un programa de astronomía, lo mismo como si lo haría con un planeta. Una vez que haya encontrado la ubicación del asteroide, tome nota de la posición de las estrellas circundantes y apunte el telescopio en esa dirección. Si no estás seguro cuál punto de luz es el asteroide, dibuje la ubicación de las estrellas más brillantes en esa zona. Cuando usted observe esa ubicación en unos pocos días, el asteroide es el objeto que se movió. Dificultad: 4 Supernovas.

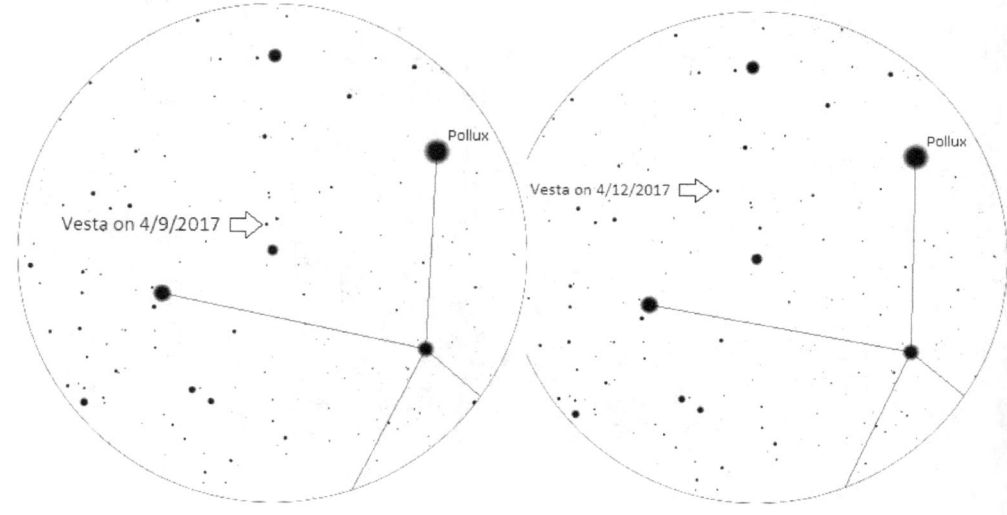

40. La Galaxia Remolino (M51)

La Galaxia Remolino, o M51, es fácil de encontrar en un pequeño telescopio o incluso binoculares, pero sólo en las noches sin Luna y lejos de las luces de la ciudad. Esta galaxia es acompañada por una galaxia compañera más pequeña designada como NCG 5191 o M51b. La interacción gravitatoria entre estas dos estructuras, se piensa que le dan al Remolino su bien definida forma espiral.

Los astrónomos han descubierto que la mayoría de las grandes galaxias tienen un agujero negro supermasivo en su centro, y las observaciones de M51 por medio del telescopio Hubble revelan una patrón distintivo en forma de X formado alrededor del centro de esta galaxia. Una barra de la X es muy probable que pueda ser polvo circulando alrededor el agujero negro. La segunda barra de la X podría ser polvo interactuando con un cono de partículas ionizadas. Se requiere de una observación más a fondo antes de que los astrónomos lleguen a un consenso científico.

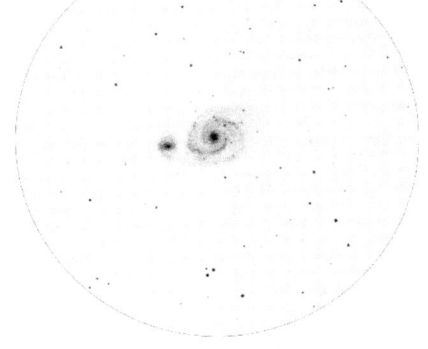

Supernovas también se han observado en esta galaxia en 1994, 2005 y 2011.

Para encontrar la Galaxia Remolino, haga un triángulo derecho debajo del mango de la Osa Mayor como se muestra en la parte inferior.

Dificultad: 4 Supernovas

M51 a través de un telescopio

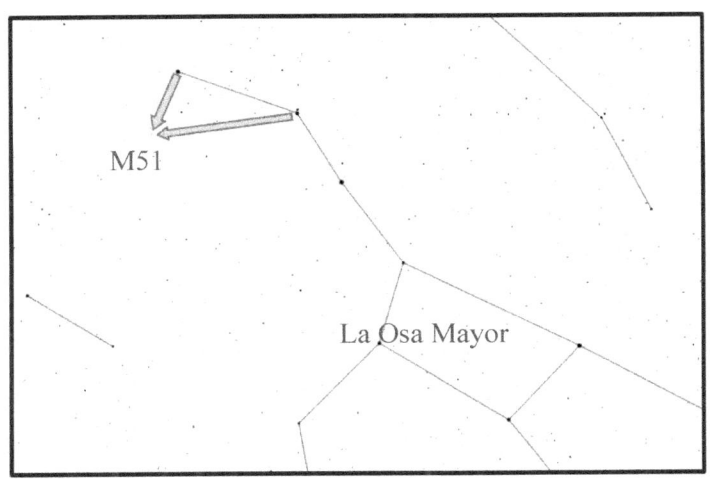

41. Objetos del Cielo Profundo de Sagitario

Incluso como astrónomo amateur, no estoy acostumbrado a buscar la constelación completa de Sagitario. Afortunadamente, existe un asterismo (constelación no oficial) llamada la Tetera, la cual considero que es Sagitario (ver imagen).

Sagitario es un excelente lugar para explorar objetos del cielo profundo (objetos fuera de nuestro Sistema Solar) porque se encuentra en la dirección del centro de nuestra Galaxia de la Vía Láctea. Este es un excelente lugar para simplemente explorar sin ningún mapa porque existe una buena posibilidad de encontrar uno de los muchos objetos interesantes sin los problemáticos mapas de estrellas.

En las cercanías de la Tetera, puede encontrar la Nebulosa Laguna, la Nebulosa Omega y la Nebulosa Trífida.

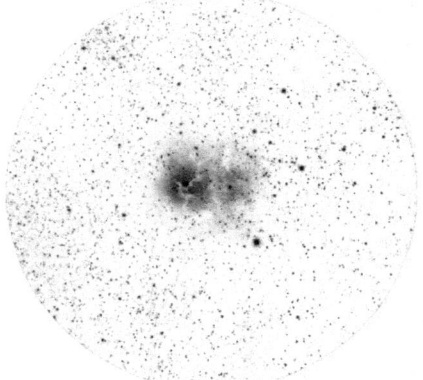

Para ver todas las cosas interesantes en Sagitario, utilice un ocular sin mucho aumento, ya que que la mayoría de los objetos que usted encontrará son bastante grandes. Explore la parte superior derecha de la Tetera para encontrar la nebulosa y explore el resto de la Tetera para encontrar cúmulos de estrellas.

Nebulosa Trífida a través de un telescopio

Dificultad: 3 Supernovas.

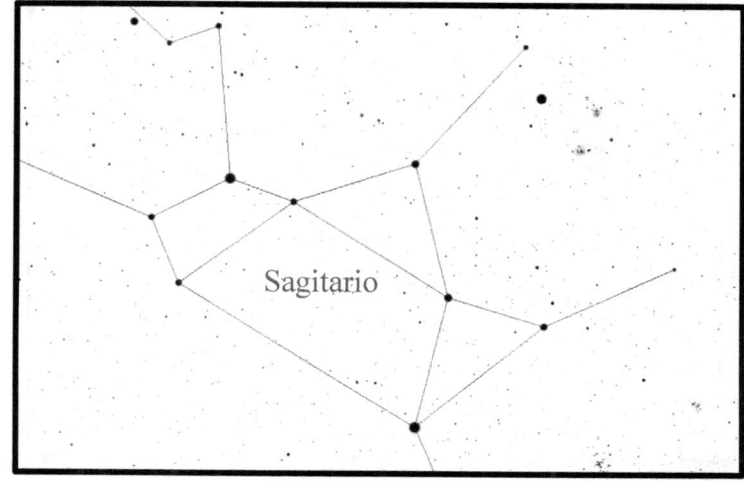

42. M81 y M82

Después de Andrómeda, M81 y M82 son las dos galaxias que son las más fáciles de encontrar. M82 es comúnmente llamada la Galaxia del Puro, debido a qué aparenta desde la Tierra. M81 puede ser llamada Galaxia Bodes, pero este no es un término que escucho muy seguido.

M81 es particularmente interesante para los astrónomos profesionales, porque en su centro se encuentra un gigantesco agujero negro ¡con una masa de 70 millones de veces más grande que la de nuestro sol!

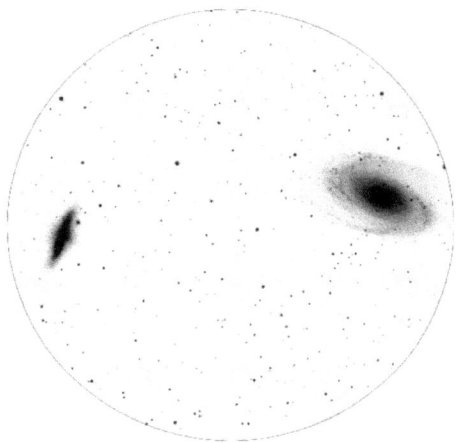

Para ver estas galaxias, utilice un ocular con ampliación baja. Con la Osa Mayor como guía de referencia, cree una línea entre la parte inferior izquierda de la taza de la Osa mayor y su boquilla. Luego extienda esta línea desde la boquilla para llegar a la ubicación de esta galaxia.

M81 y M82 a través de un telescopio

Dificultad: 4 Supernovas

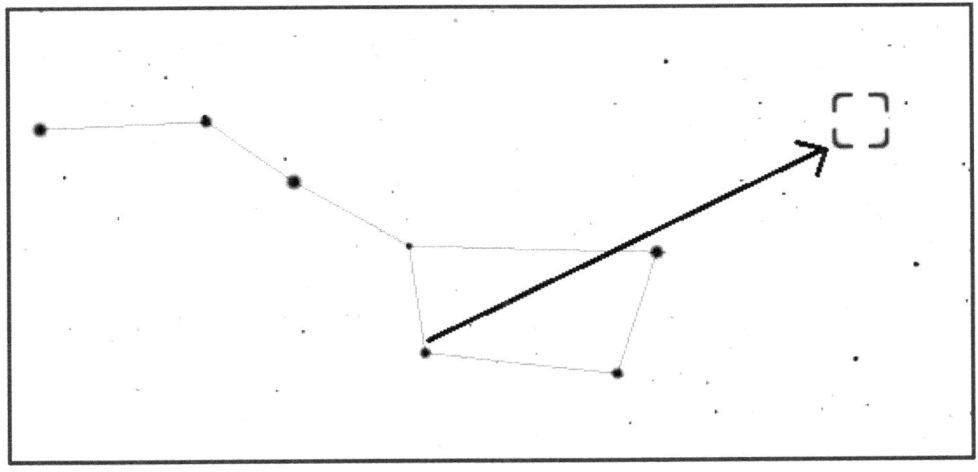

43. Urano

Para el público en general, lo más interesante de Urano es su nombre. Aunque la mayoría de las pronunciaciones son ahora consideradas aceptables (incluso las chistosas), la pronunciación preferida es "U-RÁ-NO". Aunque suena gracioso para nosotros, su nombre es muy lógico. Saturno, es el padre de Júpiter, y por lo tanto, Urano es el padre de Saturno.

Ya que Urano está tan lejos del Sol, permanecerá en relativamente la misma parte del cielo en toda nuestra vida. Para el siglo XXI, esto nos pone el mejor momento para verlo a principios de Otoño.

Para encontrar a Urano, compruebe primero con el programa de astronomía para encontrar la ubicación exacta. Utilice un ocular de baja magnificación para lograr el hallazgo inicial, y luego cambie a un ocular de mayor aumento para definir el planeta y todavía más el tono del planeta.

Dificultad: 4 Supernovas

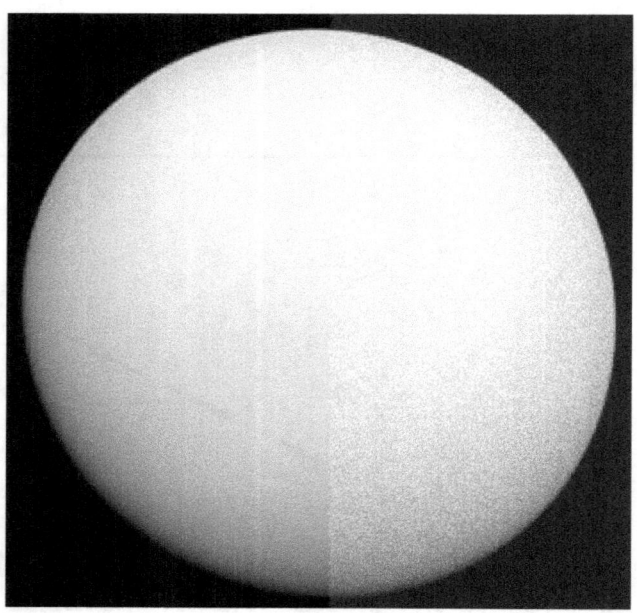

Urano fotografiado por la nave espacial Voyager 2

43. Neptuno

Ahora que Plutón ha sido degradado a "Planeta Enano" por la Unión Astronómica, Neptuno es el planeta más lejano hacia fuera del Sol (en nuestro Sistema Solar). A igual que los otros planetas del Sistema Solar, con la excepción de la Tierra, este planeta es nombrado después de un Dios Romano, en este caso, el Dios del Mar.

Neptuno es muy tenue, uno de los objetos más tenues en este libro. Sin embargo, dado a que es azul, se puede distinguir de las estrellas de fondo. Como con Urano, utilice un ocular sin mucho aumento para encontrar el planeta. Luego, utilice un ocular con gran aumento para obtener una mejor vista. Tenga en cuenta que sólo los telescopios que cuentan con seis pulgadas de diámetro o mayores serán capaces de definir Neptuno como un disco. Para telescopios más pequeños, el planeta aparecerá como un punto de luz.

Dificultad: 4 Supernovas

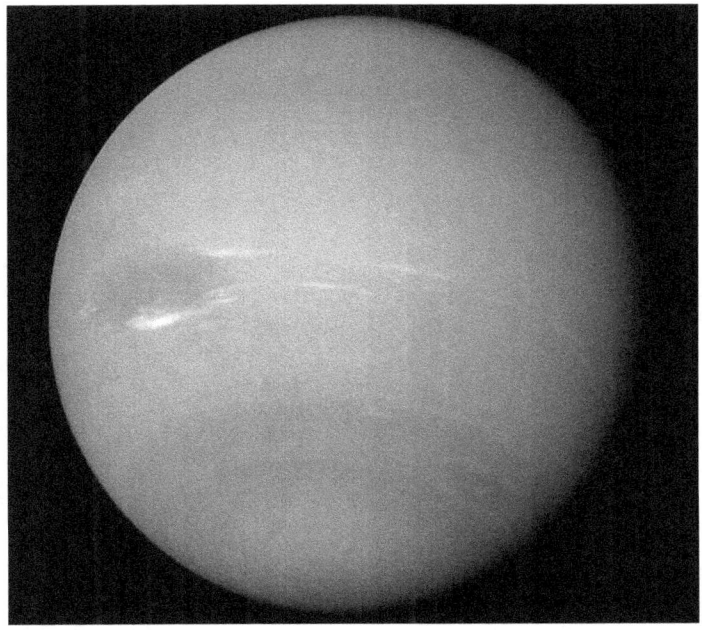

Neptuno fotografiado por la nave espacial Voyager 2

44. Mercurio

Debido a la extrema cercanía de Mercurio al Sol, este planeta puede ser extremadamente difícil para obtener un buen vistazo. Pudiera solo aparecer en el cielo nocturno durante unos días cada año. Al igual que Venus, usted verá Mercurio en fases. Estas fases afectan de gran manera su brillo. Cuando Mercurio es visible, sólo es visible por un tiempo muy corto, justo antes del amanecer y justo después del atardecer.

Para encontrar el mejor momento para observar a Mercurio, utilice un programa de astronomía como Stellarium, haga click y bloquee (teclee la barra espaciadora) sobre Mercurio. Luego, utilice el programa para avanzar rápidamente hasta que Mercurio esté sobre el horizonte después de la puesta del Sol. O preste atención a los sitios web de astronomía para encontrar una notificación.

Al observar a Mercurio a través de su telescopio, pudiera parecer extremadamente brillante e incluso reluciente como si estuviera incendiándose. El brillo aparente de Mercurio se debe a su proximidad al Sol, pero el resplandor es debido a su cercanía al horizonte. Cuando usted observa los objetos que se encuentran bajos en el cielo, usted está viendo a través de más atmósfera que cuando los objetos están encima de su cabeza. Es la distorsión atmosférica la que le da a un objeto su reflejo.

Dificultad: 4 Supernovas

Mercurio fotografiado por la nave espacial Messenger

Mercurio a través de un telescopio

45. Ocultación de Estrella-Luna

Las ocultaciones ocurren cuando un objeto va detrás de otro en el espacio. Algo así como un eclipse. Las ocultaciones más comunes son cuando la Luna pasa por delante de una estrella brillante.

Las ocultaciones de roce tienden a ser más interesantes; esto es cuando una estrella parece rozar la superficie de la Luna desde la ubicación donde usted se encuentra. Durante una ocultación de roce, no es infrecuente para la estrella parpadear dentro y fuera de la vista mientras que viaja entre las cordilleras de las montañas o cárcavas sobre la superficie de la Luna.

Esta es una gran oportunidad para utilizar la función de "hora" de su programa de astronomía". Para saber cuándo sucederá una ocultación (sin consultar publicaciones astronómicas, revistas o sitios web) sólo basta con abrir el programa de astronomía y seleccionar la Luna.

Después de que la Luna ha sido seleccionada, debería bloquearse en el centro de la pantalla (trate de teclear la barra espaciadora si usa "Stellarium"). Luego, utilizando la función de tiempo, comience a correr las "horas" hacia el futuro. Usted debería ver la estrellas jugar carreras en el fondo, mientras que la Luna permanece en su lugar. Usted tuviera que avanzar rápidamente unas semanas antes de encontrar la Luna ocultando una estrella brillante. Entonces, marque su calendario y configure un recordatorio por 30 minutos o más o menos para antes de que la estrella desaparezca detrás de la Luna.

Dificultad: 4 Supernovas

46. Ocultación de Planeta-Luna

De nuevo, una ocultación ocurre cuando dos cosas se alinean de modo que una cubre a la otra desde la perspectiva del observador. Por ejemplo, si Saturno pasa detrás de la Luna, usted diría, "Saturno ha sido ocultado por la Luna" (casi suena como si debería ser un delito).

Para obtener una ocultación planetaria, utilice la misma técnica usada para ocultaciones de estrellas. Con la Luna seleccionada en el programa, adelante las horas por unos días, semanas o meses, hasta que vea la Luna pasar directamente sobre un planeta. Luego, configure un recordatorio y espere a que el evento ocurra.

Tomar una foto de esto con un smartphone es difícil, pero no imposible. Para tomar una fotografía con su smartphone, coloque la cámara en el ocular, luego pulse en la imagen de la Luna. Esto debe definir el enfoque y la exposición. Luego, ¡tome la foto! Si consigue una buena foto, publíquela inmediatamente en www.spaceweather.com. Al publicarla aquí, ¡su foto pudiera terminar en los noticieros o en otras redes de noticias importantes!

Dificultad: 4 Supernovas

47. Supernova

Si usted está observando a Andrómeda (u otra galaxia si la puede ver) y darse cuenta de que cuenta con una "estrella" nueva en ella, ¡usted puede haber detectado una supernova! Las supernovas son creadas cuando una estrella explota y libera la energía suficiente para brillar más que una galaxia entera.

Las búsquedas de supernovas son sin duda algo de mucho significado en el ámbito de la astronomía amateur. Sin embargo, los métodos ameritarían un libro mucho más grande que este. En resumen, cuando una estrella se hace supernova, las partículas llamadas neutrinos son liberadas en las horas antes de la explosión. Estos neutrinos son detectados por instrumentos alrededor de la Tierra, dando una ubicación aproximada de la supernova por venir. Un mensaje es enviado a través de internet a los miembros de la comunidad astronómica ¡y la cacería empieza! Si usted es la única persona que observa la supernova, su nombre llega a los noticieros.

Sin embargo, si la supernova ya ha sido descubierta, usted puede obtener la ubicación de la nueva supernova desde un sitio web, como http://www.skyandtelescope.com ¡y trate de observarla usted mismo!

Dificultad: 5 Supernovas

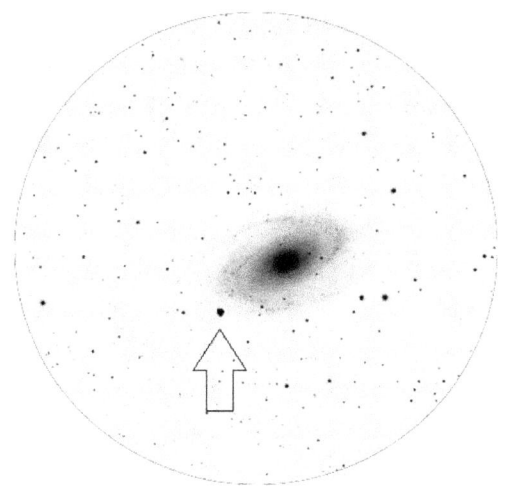

Supernova a través de un telescopio

49. Destellos del Satélite Iridium

Un satélite normal en órbita, cuando es visto desde la Tierra, es aproximadamente tan brillante como una estrella débil. Los satélites a menudo se observan moviéndose rápidamente a través del cielo, poco después del atardecer o antes del amanecer. Sin embargo, si ese satélite es un Satélite de Comunicaciones Iridium con múltiples antenas planas y brillantes, ¡entonces está a punto de sorprenderse!

La forma más fácil de detectar los destellos de los Satélites de Comunicaciones Iridium, es descargando una aplicación para teléfono como Sputnik: http://sputnikapp.info. La aplicación crea una predicción de su ubicación y le envía alertas cuando está a punto de crearse una llamarada.

No es necesario un telescopio para ver esos destellos, pero pudiera ser divertido usar un telescopio de todos modos. Y el observar objetos en movimiento en el espacio es una buena práctica para cuando quiera ver algo más complicado, como un asteroide cercano a la Tierra, o la Estación espacial Internacional.

Dificultad: 3 Supernovas.

Destellos de Iridium sobre San Francisco. Foto del autor.

50. La Nebulosa Cangrejo (M1)

Algo especial ocurrió el cuatro de Julio en el año de 1054. No, no era una celebración del Día de la Independencia de Estados Unidos, eso no habría tenido ningún sentido. En ese día, astrónomos Chinos registraron lo que ellos pensaban que era una estrella nueva, ¡una estrella más brillante que Venus! Después de unas semanas, sin embargo, la nueva estrella se atenuaba, pero estaba todavía visible durante casi dos años, momento en el que la estrella casi se perdió en la historia.

La historia pudo haber terminado ahí, pero en 1731, casi setecientos años más tarde, un astrónomo Británico llamado John Bevis, observó una bola en ese punto exacto. Entonces, casi tres décadas después de eso, un cazador de cometas Francés llamado Charles Messier, añadió esta "bola" a su catálogo (ahora infame) de objetos que son "Definitivamente no cometas". Messier designó el objeto como "M1". En otras palabras, la bola fue el elemento número uno de su lista de "No-cometas."

Ahora sabemos que la Nebulosa Cangrejo es un remanente de Supernova. Los Chinos observaron la supernova real, la violenta explosión de una estrella. Ahora, cuando usted mira a través de su telescopio, usted está observando la continua explosión de polvo y gases disparándose a través del espacio a casi 5 millones de kilómetros por hora.

Para encontrar la Nebulosa Cangrejo, busque el área justo encima de la cabeza de Orión.

Dificultad: 3 Supernova

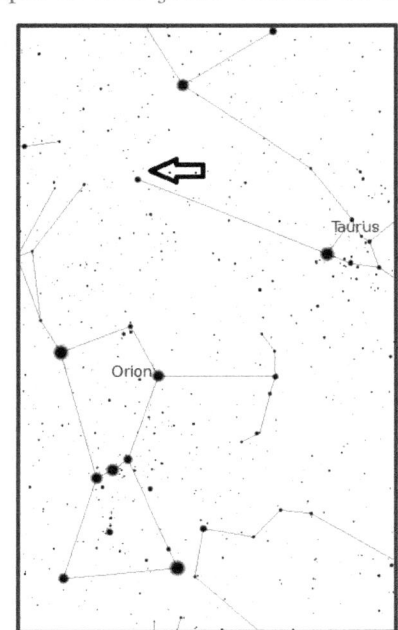

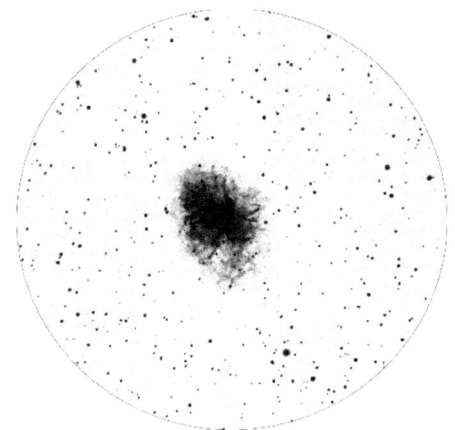

Nebulosa Cangrejo a través de un telescopio

Objeto 51 OVNIs

Cada año hay decenas de miles de avistamientos reportados de OVNIs. Estos generalmente son grabados por personas que no están acostumbrados a observar el cielo, o quienes revisan su cinta o cámara y ven algo que no entienden.

Los avistamientos de OVNIs pueden explicarse a menudo por ilusiones ópticas comunes, o fenómenos dentro del equipo de la cámara. Pero todavía es emocionante observar algo que no entiendes. Mucha gente en Estados Unidos vive cerca de bases militares y regularmente miran cosas en el cielo que no tienen sentido.

Yo observé mi primer "OVNI" cuando estaba entregando periódicos cuando era jovencito. Estaba parado al lado del campo de un granjero a las 5:00 de la mañana cuando una luz brillante se levantó detrás de una colina lejana. Me detuve y miré la luz brillante crecer en tamaño hasta que me dejó casi ciego. Por cinco minutos la luz persistió, moviéndose de atrás hacia adelante en el cielo. Entonces, el OVNI (una aeronave Dash 8 serie 100) voló encima de mi cabeza, su luz delantera apuntaba hacia una nueva dirección.

Dificultad: 0 Supernovas a causa de una anomalía en la cámara, y 6 Supernovas por ser secuestrado por extraterrestres.

OVNI creado por la cámara

Conclusión

¡Espero que todos ustedes hayan disfrutado de este viaje de *"50 Objetos que Observar con un Telescopio"*! Si le gustaría continuar con este pasatiempo, le animo con mucho entusiasmo a unirse a su sociedad astronómica local. Una lista de estos clubs en los Estados Unidos puede encontrarse aquí:

http://nightsky.jpl.nasa.gov/club-map.cfm

Si le apasiona la ficción, échele un vistazo a mi novela de misterio de ciencia ficción, "The Martian Conspiracy".

"Una dura novela de ciencia ficción con matices de "Red Mars" de Kim Stanley Robinson, aunque con un ritmo mucho más rápido. Si, como yo, su sueño es el de vivir en Marte, usted debe leer este libro."

-Graeme Shimmin, autor de: "A Kill in the Morning"

Apéndice 1: Eclipses Solares 2016-2021

Tipo	Fecha	Momento de Mayor Eclipse (UTC)	Ubicación
Total	09 de Marzo de 2016	1:58:19	Total: Indonesia, Micronesia, Islas Marshall Parcial: Sudeste de Asia, Corea, Japón, este de Rusia, Alaska, Noroeste de Australia, Hawaii, Pacífico
Anular	01 de Septiembre de 2016	9:08:02	Anular: Atlántico, África Central, Madagascar, India Parcial: África, Océano Índico
Anular	26 de Febrero de 2017	14:54:33	Anular: Sur de Chile y Argentina, Angola, Sudoeste Katanga Parcial: Sur y Oeste de África, América del Sur, Antártida
Total	21 de Agosto de 2017	18:26:40	Total: Oregon, Idaho, Wyoming, Nebraska, noreste de Kansas, Missouri, sur de Illinois, Kentucky occidental, Tennessee, Sudoeste de Carolina del Norte, Noreste Georgia, Carolina del Sur Parcial: América del Norte, Hawai, Groenlandia, Islandia, Islas Británicas, Portugal, América Central, Caribe, Norte de América del Sur, Península de Chukchi
Parcial	15 de Febrero de 2018	20:52:33	Parcial: Antártida, América del Sur
Parcial	13 de Julio de 2018	3:02:16	Parcial: Australia Meridional, Victoria, Tasmania, Océano Índico, Costa Budd
Parcial	11 de Agosto de 2018	9:47:28	Parcial: Noreste de Canadá, Groenlandia, Islandia, Océano Ártico, Escandinavia, Islas Británicas, Norte de Rusia, Norte de Asia
Parcial	06 de Enero de 2019	1:42:38	Parcial: Noreste de Asia, Suroeste de Alaska, Islas Aleutianas
Total	02 de Julio de 2019	19:24:08	Total: Sur de Chile y Argentina, Archipiélago de Tuamotu Parcial: América del s¿Sur, Isla de Pascua, Islas Galápagos, Sur de América Central, Polinesia
Anular	26 de Diciembre de 2019	5:18:53	Anular: Noreste de Arabia Saudita, Bahrein, Qatar, Emiratos Árabes Unidos, Omán, Lakshadweep, Sur de la India, Sri Lanka, Sumatra Septentrional, Sur de Malasia, Singapur, Borneo, Centro de Indonesia, Palau, Micronesia, Guam Parcial: Asia, Melanesia Occidental, Noroeste de Australia, Medio Oriente, África del Este
Anular	21 de Junio de 2020	6:41:15	Anular: República Democrática del Congo, Sudán, Etiopía, Eritrea, Yemen, cuarto vacío, Omán, Pakistán Meridional, Norte de la India, Nueva Delhi, Tibet, Sur de China, Chongqing, Taiwán Parcial: Asia, Sureste de Europa, África, Medio Oriente, Oeste de Melanesia, Australia Occidental, Territorio del Norte, Península de Cabo York
Total	14 de Diciembre de 2020	16:14:39	Total: Sur de Argentina y Chile, Kiribati, Polinesia Parcial: Centro y Sur del Sur de América, Sudoeste de África, Península Antártica, Ellsworth, Occidente de Queen Maud Land
Anular	10 de Junio de 2021	10:43:07	Anular: Norte de Canadá, Groenlandia, Rusia Parcial: Norte de América del Norte, Europa, Asia
Total	04 de Diciembre de 2021	7:34:38	Total: Antártida Parcial: Sur de África, Sur del Atlántico

Predicciones de Eclipses por Fred Espenak, NASA GSFC

Anexo 2: Eclipses Solares 2022-2030

Tipo	Fecha	Momento de Mayor Eclipse (UTC)	Ubicación
Parcial	30 de Abril de 2022	20:42:36	**Parcial:** Sureste del Pacífico, América del Sur
Parcial	25 de Octubre de 2022	11:01:20	**Parcial:** Europa, Noreste de África, Oriente Medio, Oeste de Asia
Híbrido	20 de Abril de 2023	4:17:56	**Híbrido:** Indonesia, Australia, Papua Nueva Guinea **Parcial:** Sudeste de Asia, Indias, Filipinas, Nueva Zelanda
Anular	14 de Octubre de 2023	18:00:41	**Anular:** Oeste de Estados Unidos, Centroamérica, Colombia, Brasil **Parcial:** América del Norte, América Central, América del Sur
Total	08 de Abril de 2024	18:18:29	**Total:** México, Centro de Estados Unidos, Este de Canadá **Parcial:** América del Norte, América Central
Anular	02 de Octubre de 2024	18:46:13	**Anular:** Sur de Chile, Sur de Argentina **Parcial:** Pacífico, América del Sur
Parcial	29 de Marzo de 2025	10:48:36	**Parcial:** Noroeste de África, Europa, Norte de Rusia
Parcial	21 de Septiembre de 2025	19:43:04	**Parcial:** Pacífico Sur, Nueva Zelanda, Antártida
Anular	17 de Febrero de 2026	12:13:06	**Anular:** Antártida **Parcial:** Sur de Argentina, Chile, Sur África, Antártida
Total	12 de Agosto de 2026	17:47:06	**Total:** Ártico, Groenlandia, Islandia, España, Noroeste de Portugal **Parcial:** Norte de América del Norte, Oeste de África, Europa
Anular	06 de Febrero de 2027	16:00:48	**Anular:** Chile, Argentina, Atlántico **Parcial:** América del Sur, Antártida, Oeste y Sur de África
Total	02 de Agosto de 2027	10:07:50	**Total:** Marruecos, España, Argelia, Libia, Egipto, Arabia Saudita, Yemen, Somalia **Parcial:** África, Europa, Medio Oriente, Oeste y Sur de Asia
Anular	26 de Enero de 2028	15:08:59	**Anular:** Ecuador, Perú, Brasil, Surinam, España, Portugal **Parcial:** Este de América del Norte, Centro y Sur de América, Oeste de Europa, Noroeste de África
Total	22 de Julio de 2028	2:56:40	**Total:** Australia, Nueva Zelanda **Parcial:** Sudeste de Asia, Indias del Este
Parcial	14 de Enero de 2029	17:13:48	**Parcial:** América del Norte, América Central
Parcial	12 de Junio de 2029	4:06:13	**Parcial:** Ártico, Escandinavia, Alaska, Norte de Asia, Norte de Canadá
Parcial	11 de Julio de 2029	15:37:19	**Parcial:** Sur de Chile, Sur de Argentina
Parcial	05 de Diciembre de 2029	15:03:58	**Parcial:** Sur de Argentina, Sur de Chile, Antártida
Anular	01 de Junio de 2030	6:29:13	**Anular:** Argelia, Túnez, Grecia, Turquía, Rusia, Norte de China, Japón **Parcial:** Europa, Norte de África, Medio Oriente, Asia, el Ártico, Alaska
Total	25 de Noviembre de 2030	6:51:37	**Total:** Botswana, Sudáfrica, Australia **Parcial:** Sur del Océano Índico, Indias del Este, Australia, Sur África, Antártida

Predicciones de Eclipses por Fred Espenak, NASA GSFC

Apéndice 3: Mapa de la Constelación de Verano para el Hemisferio Norte*

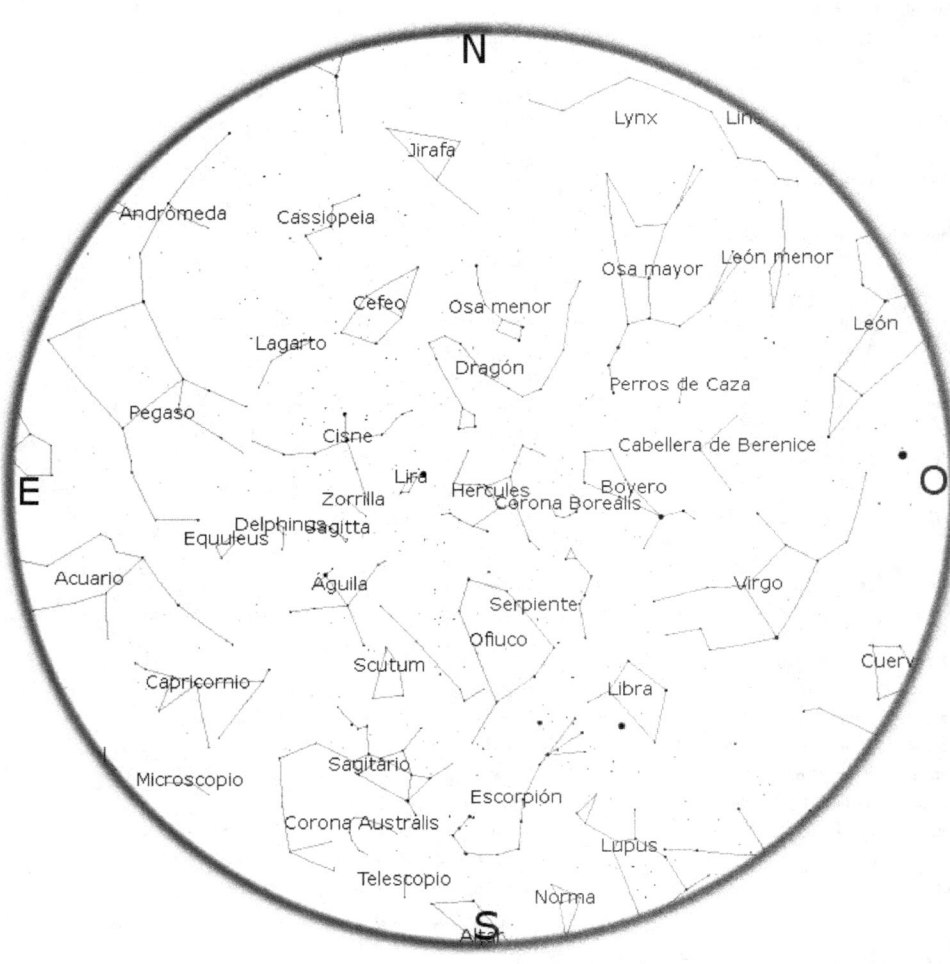

*Latitud 37 grados

Anexo 4: Mapa de la Constelación de Invierno para el Hemisferio Norte

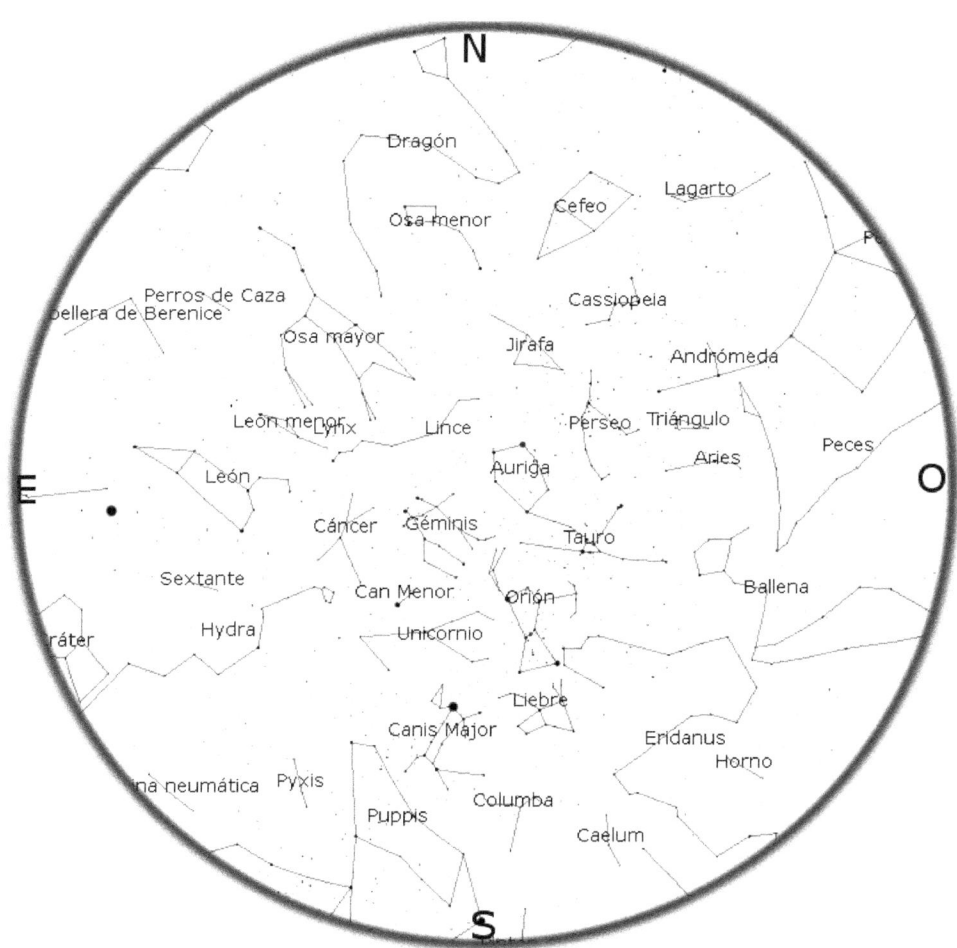

*Latitud 37 grados

www.ingramcontent.com/pod-product-compliance
Lightning Source LLC
Chambersburg PA
CBHW060418190526
45169CB00002B/958